高等学校应用型本科机电类系列教材

电气控制与可编程自动化控制器应用技术
——GE PAC

主　编　刘忠超　肖东岳
副主编　孙同东　祁邺邺
主　审　何东健

西安电子科技大学出版社

内容简介

本书介绍了 GE 公司可编程自动化控制器(PAC)技术的基础知识，内容包括电气控制基础、可编程控制器概述，以及 GE 智能平台硬件系统、编程软件与指令系统、人机界面与 iFIX 组态和 GE 智能平台综合应用。

本书以培养综合应用型人才为目的，注重实际操作，实用性强，便于读者学习掌握。书中图文并茂，通过大量的实例对相关知识进行了详细介绍，所有内容均以实验为基础，通过实验、实例使读者能够快速掌握 GE 可编程自动化控制器(PAC)的相关技术，即使没有相关基础知识的读者也可以通过本书内容掌握 GE 可编程自动化控制器(PAC)的基本应用。

本书可作为高等院校电气工程及其自动化、自动化、检测技术及仪表、机电一体化等相关专业开设的可编程控制器原理及应用、电气控制与 PLC 等课程的教学用书，也可作为工程技术人员的培训和自学用书。

图书在版编目(CIP)数据

电气控制与可编程自动化控制器应用技术：GE PAC/刘忠超，肖东岳主编.
－西安：西安电子科技大学出版社，2016.1(2021.11 重印)
ISBN 978 - 7 - 5606 - 3904 - 8

Ⅰ. ①电… Ⅱ. ①刘… ②肖… Ⅲ. ①电气控制－高等学校－教材 ②可编程序控制器－高等学校－教材 Ⅳ. ①TM921.5 ②TP332.3

中国版本图书馆 CIP 数据核字(2015)第 281789 号

策划编辑 李惠萍 戚文艳
责任编辑 杨 璠
出版发行 西安电子科技大学出版社(西安市太白南路 2 号)
电 话 (029)88202421 88201467 邮 编 710071
网 址 www.xduph.com 电子邮箱 xdupfxb001@163.com
经 销 新华书店
印刷单位 陕西天意印务有限责任公司
版 次 2016 年 1 月第 1 版 2021 年 11 月第 4 次印刷
开 本 787 毫米×1092 毫米 1/16 印张 14.5
字 数 338 千字
印 数 5001～7000 册
定 价 33.00 元
ISBN 978 - 7 - 5606 - 3904 - 8/TM
XDUP 4196001 - 4

＊＊＊ 如有印装问题可调换 ＊＊＊

西安电子科技大学出版社
高等学校应用型本科机电类系列教材

编 审 专 家 委 员 会 名 单

主　任：鲍吉龙（宁波工程学院副院长、教授）

副主任：彭　军（重庆科技学院电气与信息工程学院院长、教授）

张国云（湖南理工学院信息与通信工程学院院长、教授）

刘黎明（南阳理工学院软件学院院长、教授）

庞兴华（南阳理工学院机械与汽车工程学院副院长、教授）

电子与通信组

组　长：彭　军（兼）

张国云（兼）

成　员：（成员按姓氏笔画排列）

王天宝（成都信息工程学院通信学院院长、教授）

安　鹏（宁波工程学院电子与信息工程学院副院长、副教授）

朱清慧（南阳理工学院电子与电气工程学院副院长、教授）

沈汉鑫（厦门理工学院光电与通信工程学院副院长、副教授）

苏世栋（运城学院物理与电子工程系副主任、副教授）

杨光松（集美大学信息工程学院副院长、教授）

钮王杰（运城学院机电工程系副主任、副教授）

唐德东（重庆科技学院电气与信息工程学院副院长、教授）

谢　东（重庆科技学院电气与信息工程学院自动化系主任、教授）

楼建明（宁波工程学院电子与信息工程学院副院长、副教授）

湛腾西（湖南理工学院信息与通信工程学院教授）

机电组

组　长：庞兴华（兼）

成　员：（成员按姓氏笔画排列）

丁又青（重庆科技学院机械与动力工程学院副院长、教授）

王志奎（南阳理工学院机械与汽车工程学院系主任、教授）

刘振全（天津科技大学电子信息与自动化学院副院长、副教授）

何高法（重庆科技学院机械与动力工程学院院长助理、教授）

胡文金（重庆科技学院电气与信息工程学院系主任、教授）

前　言

本书根据高等教育的发展特点，从培养综合应用型人才的角度出发组织教材内容，通过大量的实例由浅入深地对 GE 智能平台的相关知识进行了较全面的介绍。本书主要内容包括电气控制的基础知识、GE 智能平台 PAC 产品的软硬件系统、编程指令系统、人机界面及组态技术、综合应用等。其中，第 1 章为 PLC 电气控制的相关知识，这是实现 PAC 控制系统的硬件系统的必备知识；第 2 章主要介绍可编程控制器的基础知识，包括 PLC 的产生和发展、基本组成和工作原理；第 3 章为 GE 智能平台硬件结构，主要介绍 GE 智能平台 PAC-Systems RX3i 硬件系统；第 4 章为 GE 智能平台编程软件 Proficy Machine Edition 的使用方法；第 5 章为 GE 智能平台的指令系统；第 6 章为 GE 智能平台人机界面与组态技术，主要介绍 GE 智能平台 QuickPanel View/Control 与 iFIX 组态软件；第 7 章给出了 PAC 的两个综合应用实例，以方便读者掌握 GE PAC 工程项目设计方法和设计理念。

本书由南阳理工学院刘忠超、肖东岳，南阳市广播电视网络中心孙同东和南阳医学高等专科学校祁邺邺老师共同编著，刘忠超、肖东岳任主编，孙同东、祁邺邺任副主编。孙同东编写了第 1 章的 1.1、1.2 和 1.3 节，祁邺邺编写了第 1 章的 1.4 节和第 2 章，刘忠超编写了第 3 章的 3.1、3.2 节和第 6 章、第 7 章，肖东岳编写第 3 章的 3.3 节和第 4 章、第 5 章。西北农林科技大学水建学院许景辉博士编写了本书的部分实例程序并对所有程序进行了实践论证。本书还得到了南阳理工学院朱清慧、翟天嵩、盖晓华、崔世林、刘尚争、田金云、刘增磊、杨旭的指导与帮助。全书由刘忠超统稿。

本书由西北农林科技大学机电学院何东健教授主审，在此对何教授及其他所有对本书出版给予帮助和支持的老师、朋友表示衷心的感谢！

本书配套制作了相应的电子课件，读者如果需要请发电子邮件至 liuzhongchao2008@sina.com 索取相关资料。

由于编者水平有限，书中难免出现疏漏之处，恳请广大读者批评指正。

编　者
2015 年 11 月

目　录

第 1 章　电气控制基础

电气控制技术的研究对象是以各类电动机为动力的传动装置与系统，其目的是实现生产过程的自动化控制。本章主要介绍电气控制的基本原理和基本线路，其中继电器-接触器控制系统至今仍是许多生产机械设备广泛采用的基本电气控制形式，也是学习更先进的电气控制系统的基础。

1.1　常用低压电器

低压电器被广泛地应用于工业电气和建筑电气的控制系统中，它是实现继电器-接触器控制的主要电器元件。通常将额定工作电压规定在交流 1200 V、直流 1500 V 以下，在电路中起通断、保护、控制或调节等作用的电气设备(器件)总称为低压电器。

低压电器种类繁多，功能各样，构造各异，用途广泛，工作原理各不相同。常用低压电器的分类方法也很多，下面介绍几种常用的分类方法。

1. 按用途或控制对象分类

(1) 配电电器：主要用于低压配电系统中。对这类电器的要求是系统发生故障时可以准确动作、可靠工作，在规定条件下具有相应的动稳定性与热稳定性，使电器不会被损坏。常用的配电电器有刀开关、转换开关、熔断器、断路器等。

(2) 控制电器：主要用于电气传动系统中。对这类电器的要求是寿命长、体积小、重量轻且动作迅速、准确、可靠。常用的控制电器有接触器、继电器、启动器、主令电器、电磁铁等。

2. 按动作方式分类

(1) 自动电器：依靠自身参数的变化或外来信号的作用，自动完成接通或分断等动作，如接触器、继电器等。

(2) 手动电器：用手动操作来进行切换的电器，如刀开关、转换开关、按钮等。

3. 按触点类型分类

(1) 有触点电器：利用触点的接通和分断来切换电路，如接触器、刀开关、按钮等。

(2) 无触点电器：无可分离的触点。这类电器主要利用电子元件的开关效应，即导通和截止来实现电路的通、断控制，如接近开关、霍尔开关、电子式时间继电器、固态继电器等。

4. 按工作原理分类

(1) 电磁式电器：根据电磁感应原理动作的电器，如接触器、继电器、电磁铁等。

(2) 非电量控制电器：依靠外力或非电量信号(如速度、压力、温度等)的变化而动作的电器，如转换开关、行程开关、速度继电器、压力继电器、温度继电器等。

1.1.1 刀开关

刀开关是一种手动电器，常用的刀开关有 HD 型单投刀开关、HS 型双投刀开关、HR 型熔断器式刀开关、HZ 型组合开关、HK 型闸刀开关、HY 型倒顺开关、HH 型铁壳开关等。

HD 型单投刀开关、HS 型双投刀开关、HR 型熔断器式刀开关主要用于在成套配电装置中作为隔离开关，装有灭弧装置的刀开关也可以控制一定范围内的负荷线路。作为隔离开关的刀开关的容量比较大，其额定电流在 100～1500 A 之间，主要用于供配电线路的电源隔离。隔离开关没有灭弧装置，不能操作带负荷的线路，只能操作空载线路或电流很小的线路，如小型空载变压器、电压互感器等。操作时应注意，停电时应将线路的负荷电流用断路器、负荷开关等开关电器切断后再将隔离开关断开，送电时操作顺序相反。隔离开关断开时有明显的断开点，有利于检修人员的停电检修工作。隔离刀开关由于控制负荷能力很小，也没有保护线路的功能，所以通常不能单独使用，一般要和能切断负荷电流和故障电流的电器(如熔断器、断路器和负荷开关等电器)一起使用。

HZ 型组合开关、HK 型闸刀开关一般用于电气设备及照明线路的电源开关。HY 型倒顺开关、HH 型铁壳开关装有灭弧装置，一般可用于电气设备的启动、停止控制。

1. HD 型单投刀开关

HD 系列单投刀、HS 系列双投刀开关适用于交流频率至 50 Hz、额定电压至 380 V、直流电压至 440 V、额定电流至 1500 A 的成套配电装置中，用于不频繁地手动接通和分断交、直流电路或作隔离开关用。HD 型单投刀开关按极数分为一极、二极、三极和四极四种。HD 型单投刀开关实物图如图 1-1 所示。

图 1-1 HD 型单投刀开关实物图

图 1-2 中(a)～(c)为刀开关的图形符号和文字符号。其中图 1-2(a)为一般图形符号，(b)为手动操作开关符号，(c)为三极单投刀开关符号。

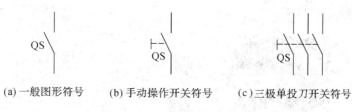

(a) 一般图形符号　(b) 手动操作开关符号　(c) 三极单投刀开关符号

图 1-2　HD 型单投刀开关图形符号

当刀开关用作隔离开关时，其图形符号上加有一横杠，如图 1-3(a)、(b)、(c)所示。

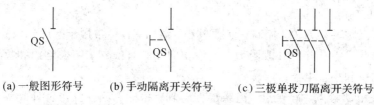

(a) 一般图形符号　(b) 手动隔离开关符号　(c) 三极单投刀隔离开关符号

图 1-3　HD 型单投刀开关图形符号(作隔离开关用)

单投刀开关的型号含义如下：

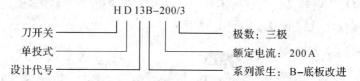

设计代号：11 为中央手柄式，12 为侧方正面杠杆操作机构式，13 为中央正面杠杆操作机构式，14 为侧面手柄式。

2. HS 型双投刀开关

HS 型双投刀开关也称转换开关，其作用和单投刀开关类似，常用于双电源的切换或双供电线路的切换等，其实物图及图形符号如图 1-4 所示。由于双投刀开关具有机械互锁的结构特点，因此可以防止双电源的并联运行和两条供电线路同时供电。

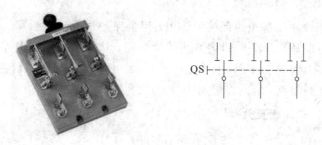

图 1-4　HS 型双投刀开关实物图及图形符号

3. HR 型熔断器式刀开关

HR 型熔断器式刀开关也称刀熔开关，它实际上是将刀开关和熔断器组合成一体的电器。刀熔开关简化了供电线路，操作方便，在供配电线路上应用很广泛，其实物图及图形符号如图 1-5 所示。刀熔开关可以切断故障电流，但不能切断正常的工作电流，所以一般应在无正常工作电流的情况下进行操作。

图 1-5　HR 型熔断器式刀开关实物图及图形符号

4. 组合开关

组合开关又称转换开关，控制容量比较小，结构紧凑，常用于空间比较狭小的场所，如机床和配电箱等。组合开关一般用于电气设备的非频繁操作、切换电源和负载以及控制小容量感应电动机和小型电器。

组合开关由动触点、静触点、绝缘连杆转轴、手柄、定位机构及外壳等部分组成。其动、静触点分别叠装于数层绝缘壳内，当转动手柄时，每层的动触片随转轴一起转动。

组合开关常用的产品型号有 HZ5、HZ10 和 HZ15 系列。HZ5 系列是类似万能转换开关的产品，其结构与一般转换开关有所不同。组合开关有单极、双极和多极之分。

组合开关的实物图及图形符号如图 1-6 所示。

图 1-6　组合开关实物图和图形符号

1.1.2　熔断器

熔断器在电路中主要起短路保护的作用，用于保护线路。熔断器的熔体串接于被保护的电路中，熔断器以其自身产生的热量使熔体熔断，从而自动切断电路，实现短路保护及过载保护。熔断器具有结构简单、体积小、重量轻、使用维护方便、价格低廉、分断能力较高、限流能力良好等优点，因此在电路中得到广泛应用。

1. 熔断器的结构原理及分类

熔断器由熔体和安装熔体的绝缘底座（或称熔管）组成。熔体由易熔金属材料铅、锌、锡、铜、银及其合金制成，形状常为丝状或网状。由铅锡合金和锌等低熔点金属制成的熔体，因不易灭弧，多用于小电流电路；由铜、银等高熔点金属制成的熔体，易于灭弧，多用于大电流电路。

熔断器串接于被保护电路中，电流通过熔体时产生的热量与电流的平方和电流通过的时间成正比，即电流越大，则熔体熔断时间越短，这种特性称为熔断器的反时限保护特性或安秒特性，如图 1-7 所示。图中 I_N 为熔断器额定电流，熔体允许长期通过额定电流而不熔断。

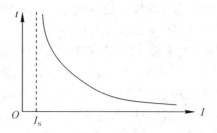

图 1-7 熔断器的反时限保护特性

熔断器种类很多，按结构分为开启式、半封闭式和封闭式；按有无填料分为有填料式、无填料式；按用途分为工业用熔断器、保护半导体器件熔断器及自复式熔断器等。

2. 熔断器的主要技术参数

熔断器的主要技术参数包括额定电压、熔体额定电流、熔断器额定电流、极限分断能力等。

(1) 额定电压：指保证熔断器能长期正常工作的电压。

(2) 熔体额定电流：指熔体长期通过电流而不会被熔断的电流。

(3) 熔断器额定电流：指保证熔断器能长期正常工作的电流。

(4) 极限分断能力：指熔断器在额定电压下所能分断的最大短路电流。在电路中出现的最大电流一般是指短路电流值，所以，极限分断能力也反映了熔断器分断短路电流的能力。

3. 常用的熔断器

(1) 插入式熔断器。插入式熔断器如图 1-8(a)所示。常用的产品为 RC1A 系列，主要用于低压分支电路的短路保护，因其分断能力较小，多用于照明电路和小型动力电路中。

(2) 螺旋式熔断器。螺旋式熔断器如图 1-8(b)所示。熔芯内装有熔丝，并填充石英砂，用于熄灭电弧，分断能力强。熔体的上端盖有一熔断指示器，一旦熔体熔断，指示器马上弹出，可透过瓷帽上的玻璃孔观察到。常用产品有 RL6、RL7 和 RLS2 等系列，其中 RL6 和 RL7 多用于机床配电电路中；RLS2 为快速熔断器，主要用于保护半导体元件。

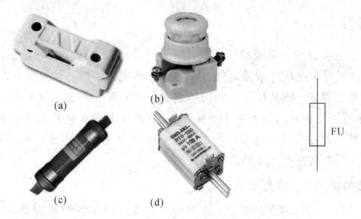

图 1-8 熔断器类型及图形符号

(3) RM10 型密封管式熔断器。RM10 型密封管式熔断器为无填料管式熔断器，如图 1-8(c)所示。该类熔断器主要用于供配电系统作为线路的短路保护及过载保护，它采用变截面片状熔体和密封纤维管。由于熔体较窄处的电阻小，在短路电流通过时产生的热量最大，熔体会先熔断，因而可产生多个熔断点使电弧分散，以利于灭弧。短路时其电弧燃烧密封纤维管，产生高压气体，以便将电弧迅速熄灭。

（4）RT 型有填料密封管式熔断器。RT 型有填料密封管式熔断器如图 1-8(d)所示。熔断器中装有石英砂，用来冷却和熄灭电弧，熔体为网状，短路时可使电弧分散，由石英砂将电弧冷却熄灭，可将电弧在短路电流达到最大值之前迅速熄灭，以限制短路电流。此为限流式熔断器，常用于大容量电力网或配电设备中。常用产品有 RT12、RT14、RT15 和 RS3 等系列，RS3 系列为快速熔断器，主要用于保护半导体元件。

4. 熔断器的选择

（1）低压熔断器的类型选择。可依据负载的保护特性、短路电流的大小和使用场合选择熔断器。一般按电网电压选用相应电压等级的熔断器，按配电系统中可能出现的最大短路电流选择有相应分断能力的熔断器，根据被保护负载的性质和容量选择熔体的额定电流。

（2）低压熔断器的容量选择可依据不同的电气设备和线路进行。

① 照明回路冲击电流很小，所以熔断器的选用系数应尽量小一些。

$$I_{RN} \geqslant I \quad 或 \quad I_{RN} = (1.1 \sim 1.5)I$$

式中：I_{RN} 为熔体的额定电流（A）；I 为电器的实际工作电流（A）。

② 单台电动机负载电气回路中有冲击电流，熔断器的选用系数应尽量大一些。

$$I_{RN} \geqslant (1.5 \sim 2.5)I$$

③ 多台电动机负载电气回路中，应考虑电动机有同时启动的可能性，所以熔断器的选用应遵循下列原则。

$$I_{RN} = (1.5 \sim 2.5)I_{Nm} + \sum I_N$$

式中：I_{Nm} 为设备中最大的一台电动机的额定电流（A）；I_N 为设备中去除最大一台电动机后其他电动机的额定电流之和（A）。

低压熔断器在选用时应严格注意级间的保护原则，切忌发生越级保护的现象，选用中除了依据供电回路短路电阻外，还应适当考虑上下级的级差，一般级差为 1~2 级。

1.1.3　断路器

低压断路器俗称自动开关或空气开关，用于低压配电电路中不频繁的通断控制。在电路发生短路、过载或欠电压等故障时能自动分断故障电路，是一种控制兼保护电器。

断路器的种类繁多，按其用途和结构特点可分为 DW 型框架式断路器、DZ 型塑料外壳式断路器、DS 型直流快速断路器和 DWX 型、DWZ 型限流式断路器等。框架式断路器主要用作配电线路的保护开关，而塑料外壳式断路器除可用作配电线路的保护开关外，还可用作电动机、照明电路及电热电路的控制开关。

1. 断路器的结构和工作原理

断路器主要由三个基本部分组成，即触点、灭弧系统和各种脱扣器，包括过电流脱扣器、热脱扣器、失压（欠电压）脱扣器、分励脱扣器和自由脱扣器。

图 1-9 是断路器实物图及图形符号。断路器开关是靠操作机构手动或电动合闸的，触点闭合后，自由脱扣机构将触点锁在合闸位置上。当电路发生上述故障时，通过各自的脱扣器使自由脱扣机构动作，自动跳闸以实现保护作用。分励脱扣器则作为远距离控制分断

电路之用。

图1-9 断路器实物图及图形符号

（1）过电流脱扣器用于线路的短路和过电流保护，当线路的电流大于整定的电流值时，过电流脱扣器所产生的电磁力使挂钩脱扣，动触点在弹簧的拉力下迅速断开，实现短路器跳闸。

（2）热脱扣器用于线路的过负荷保护，工作原理和热继电器相同。

（3）失压（欠电压）脱扣器用于失压保护，如图1-9所示，失压脱扣器的线圈直接接在电源上，处于吸合状态，断路器可以正常合闸；当停电或电压很低时，失压脱扣器的吸力小于弹簧的反力，弹簧启动铁芯向上使挂钩脱扣，实现短路器跳闸。

（4）分励脱扣器用于远距离跳闸，当在远处按下按钮时，分励脱扣器得电产生电磁力，使其脱扣跳闸。

不同断路器的保护是不同的，使用时应根据需要选用。在图形符号中也可以标注其保护方式，如图1-9所示，断路器图形符号中标注了失压、过负荷、过电流三种保护方式。

2. 低压断路器的选择原则

低压断路器的选择应从以下几方面考虑：

（1）断路器类型的选择应根据使用场合和保护要求来确定。如一般选用塑壳式；短路电流很大时选用限流型；额定电流比较大或有选择性保护要求时选用框架式；控制和保护含有半导体器件的直流电路时应选用直流快速断路器等。

（2）断路器额定电压、额定电流应大于或等于线路、设备的正常工作电压、工作电流。

（3）断路器极限通断能力应大于或等于电路最大短路电流。

（4）欠电压脱扣器额定电压应等于线路额定电压。

（5）过电流脱扣器的额定电流应大于或等于线路的最大负载电流。

（6）低压断路器的容量选择要综合考虑短路、过载时的保护特性。

① 单台电动机的过流保护应按下式计算：

$$I_{SZD} \geqslant K I_{SN}$$

式中：I_{SZD} 为瞬时或短时过电流脱扣器整定电流值（A）；K 为可靠系数，对动作时间大于 0.02 s 的断路器，K 取 1.35；对动作时间小于 0.02 s 的断路器，K 取 1.7～2.0；I_{SN} 为电动机的启动电流（A）。

② 多台电动机的过流保护应按下式计算：

$$I_{SZD} \geqslant 1.35(I_{SNmax} + \sum I)$$

式中：I_{SNmax} 为最大的电动机启动电流（A）；$\sum I$ 为其余电动机工作电流之和（A）。

③ 单台电动机的过载保护应按下式计算：

$$I_{gzd} > KI_{js}$$

式中：I_{gzd}为过载电流的整定值（A）；K为可靠系数，一般取 0.9～1.1；I_{js}为线路的计算电流或实际电流（A）。

3. 低压断路器的型号种类

低压断路器的结构和型号种类很多，目前我国常用的有 DW 和 DZ 系列。DW 型也叫万能式空气开关，DZ 型叫塑料外壳式空气开关，其产品代号含义如下：

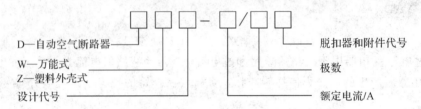

应注意的是，不同型号的低压断路器分别具有不同的保护机构和参数的整定方法，使用时应根据电路的保护要求选择其型号并进行参数的整定。

1.1.4　接触器

接触器主要用于控制电动机、电热设备、电焊机、电容器组等，能频繁地接通或断开交直流主电路，实现远距离自动控制。它具有低电压释放保护功能，在电力拖动自动控制线路中被广泛应用。

接触器有交流接触器和直流接触器两大类型，下面介绍交流接触器。

图 1-10 所示为交流接触器的结构示意图及图形符号。

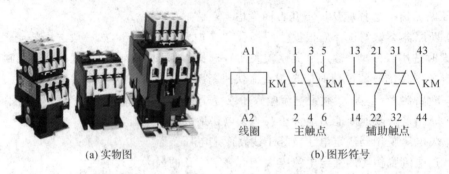

(a) 实物图　　　　　　　　(b) 图形符号

图 1-10　交流接触器实物图及图形符号

1. 交流接触器的组成部分

（1）电磁机构。电磁机构由线圈、动铁芯（衔铁）和静铁芯组成。

（2）触点系统。交流接触器的触点系统包括主触点和辅助触点。主触头用于通断主电路，有 3 对或 4 对常开触点；辅助触点用于控制电路，起电气联锁或控制作用，通常有两对常开、两对常闭触点。

（3）灭弧装置。容量在 10 A 以上的接触器都有灭弧装置。对于小容量的接触器，常采用双断口桥形触点以利于灭弧；对于大容量的接触器，常采用纵缝灭弧罩及栅片灭弧结构。

（4）其他部件。其他部件包括反作用弹簧、缓冲弹簧、触点压力弹簧、传动机构及外壳等。

接触器上标有端子标号，线圈为 A1、A2，主触点 1、3、5 接电源侧，2、4、6 接负荷侧。辅助触点用两位数表示，前一位为辅助触点顺序号，后一位的 3、4 表示常开触点，1、2 表示常闭触点。

接触器的控制原理很简单，当线圈接通额定电压时，产生电磁力，克服弹簧反力，吸引动铁芯向下运动，动铁芯带动绝缘连杆和动触点向下运动，使常开触点闭合，常闭触点断开。当线圈失电或电压低于释放电压时，电磁力小于弹簧反力，常开触点断开，常闭触点闭合。

2. 接触器的主要技术参数和类型

（1）额定电压：接触器的额定电压是指主触点的额定电压。交流接触器有 220 V、380 V 和 660 V，在特殊场合应用的额定电压高达 1140 V，直流接触器主要有 110 V、220 V 和 440 V。

（2）额定电流：接触器的额定电流是指主触点的额定工作电流。它是在一定的条件（额定电压、使用类别和操作频率等）下规定的，目前常用的电流等级为 10～800 A。

（3）吸引线圈的额定电压：交流接触器有 36 V、127 V、220 V 和 380 V，直流接触器有 24 V、48 V、220 V 和 440 V。

（4）机械寿命和电气寿命：接触器是频繁操作电器，应有较高的机械和电气寿命，该指标是产品质量的重要指标之一。

（5）额定操作频率：接触器的额定操作频率是指每小时允许的操作次数，一般为 300 次/h、600 次/h 和 1200 次/h。

（6）动作值：动作值是指接触器的吸合电压和释放电压。规定接触器的吸合电压大于线圈额定电压的 85％时应可靠吸合，释放电压不高于线圈额定电压的 70％。

常用的交流接触器有 CJl0、CJl2、CJ10X、CJ20、CJXl、CJX2、3TB 和 3TD 等系列。

3. 接触器的选择原则

（1）根据负载性质选择接触器的类型。

（2）额定电压应大于或等于主电路工作电压。

（3）额定电流应大于或等于被控电路的额定电流。对于电动机负载，还应根据其运行方式适当增大或减小。

（4）吸引线圈的额定电压与频率要与所在控制电路的选用电压和频率相一致。

1.1.5　控制继电器

控制继电器用于电路的逻辑控制，继电器具有逻辑记忆功能，能组成复杂的逻辑控制电路，继电器用于将某种电量（如电压、电流）或非电量（如温度、压力、转速、时间等）的变化量转换为开关量，以实现对电路的自动控制功能。

继电器的种类很多，按输入量可分为电压继电器、电流继电器、时间继电器、速度继电器、压力继电器等；按工作原理可分为电磁式继电器、感应式继电器、电动式继电器、电子式继电器等；按用途可分为控制继电器、保护继电器等。

1. 电磁式继电器

在控制电路中用的继电器大多数是电磁式继电器。电磁式继电器具有结构简单、价格低廉、使用维护方便、触点容量小(一般在 5 A 以下)、触点数量多且无主辅之分、无灭弧装置、体积小、动作迅速、准确、控制灵敏、可靠等特点，广泛地应用于低压控制系统中。常用的电磁式继电器有电流继电器、电压继电器、中间继电器以及各种小型通用继电器等。

电磁式继电器的结构和工作原理与接触器相似，主要由电磁机构和触点组成。电磁式继电器也有直流和交流两种。

继电器的主要特性是输入-输出特性，又称为继电特性，如图 1-11 所示。

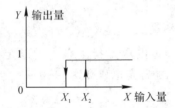

图 1-11 继电器输入-输出特性

当继电器输入量 X 由 0 增加至 X_2 之前，输出量 Y 为 0。当输入量增加到 X_2 时，继电器吸合，输出量 Y 为 1，表示继电器线圈得电，常开接点闭合，常闭接点断开。当输入量继续增大时，继电器动作状态不变。

当输出量 Y 为 1 的状态下，输入量 X 减小，当小于 X_2 时 Y 值仍不变，当 X 再继续减小至小于 X_1 时，继电器释放，输出量 Y 变为 0，X 再减小，Y 值仍为 0。

在继电特性曲线中，X_2 称为继电器吸合值，X_1 称为继电器释放值。$k=X_1/X_2$，称为继电器的返回系数，它是继电器的重要参数之一。

返回系数 k 值可以调节，不同场合对 k 值的要求不同。例如一般控制继电器要求 k 值低些，在 0.1～0.4 之间，这样继电器吸合后，输入量波动较大时不致引起误动作。保护继电器要求 k 值高些，一般在 0.85～0.9 之间。k 值是反映吸力特性与反力特性配合紧密程度的一个参数，一般 k 值越大，继电器灵敏度越高，k 值越小，灵敏度越低。

2. 中间继电器

中间继电器是最常用的继电器之一，它的结构和接触器基本相同，如图 1-12(a)所示，其图形符号如图 1-12(b)所示。

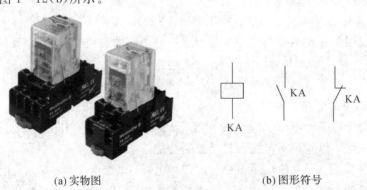

(a)实物图   (b)图形符号

图 1-12 中间继电器实物图及图形符号

中间继电器在控制电路中起逻辑变换和状态记忆的功能，以及用于扩展接点的容量和数量。另外，在控制电路中还可以调节各继电器、开关之间的动作时间，防止电路误动作的作用。中间继电器实质上是一种电压继电器，它是根据输入电压的有或无而动作的，一般触点对数多，触点容量额定电流为 5～10 A。中间继电器体积小，动作灵敏度高，一般不用于直接控制电路的负荷，但当电路的负荷电流在 5～10 A 以下时，也可代替接触器起控制负荷的作用。中间继电器的工作原理和接触器一样，触点较多，一般为四常开和四常闭触点。

常用的中间继电器型号有 JZ7、JZ14 等。

3. 电流继电器

电流继电器的输入量是电流，它是根据输入电流大小而动作的继电器。电流继电器的线圈串入电路中，以反映电路电流的变化，其线圈匝数少、导线粗、阻抗小。电流继电器可分为欠电流继电器和过电流继电器。

欠电流继电器用于欠电流保护或控制，如直流电动机励磁绕组的弱磁保护、电磁吸盘中的欠电流保护、绕线式异步电动机启动时电阻的切换控制等。欠电流继电器在电路正常工作时处于吸合动作状态，常开接点处于闭合状态，常闭接点处于断开状态，当电路出现不正常或故障现象导致电流下降或消失时，继电器中流过的电流小于释放电流而动作；过电流继电器用于过电流保护或控制，如起重机电路中的过电流保护。过电流继电器在电路正常工作时流过正常工作电流，正常工作电流小于继电器所整定的动作电流，继电器不动作，当电流超过动作电流整定值时继电器才动作。过电流继电器动作时其常开接点闭合，常闭接点断开。

电流继电器作为保护电器时，其图形符号如图 1-13 所示。

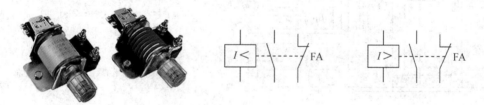

(a) 实物图　　　　　(b) 欠电流继电器图形符号　　(c) 过电流继电器图形符号

图 1-13　电流继电器实物图及图形符号

4. 电压继电器

电压继电器的输入量是电路的电压大小，其根据输入电压大小而动作。电压继电器工作时并联在电路中，反映电路中电压的变化，其线圈匝数多、导线细、阻抗大，用于电路的电压保护。与电流继电器类似，电压继电器也分为欠电压继电器和过电压继电器两种。

过电压继电器动作电压范围为 $(105\% \sim 120\%)U_N$；欠电压继电器吸合电压动作范围为 $(20\% \sim 50\%)U_N$，释放电压调整范围为 $(7\% \sim 20\%)U_N$；零电压继电器当电压降低至 $(5\% \sim 25\%)U_N$ 时动作，它们分别起过压、欠压、零压保护作用。电压继电器常用在电力系统继电保护中，在低压控制电路中使用较少。

电压继电器作为保护电器时，其图形符号如图 1-14 所示。

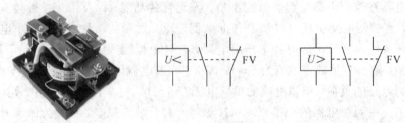

(a) 实物图　　　　(b) 欠电流继电器图形符号　　(c) 过电流继电器图形符号

图 1-14　电压继电器实物图及图形符号

5. 时间继电器

时间继电器在控制电路中用于时间的控制。其种类很多，按其动作原理可分为电磁式、空气阻尼式、电动式和电子式等；按延时方式可分为通电延时型和断电延时型。下面以 JS7 型空气阻尼式时间继电器为例说明其工作原理。

空气阻尼式时间继电器是利用空气阻尼原理获得延时的，它由电磁机构、延时机构和触点系统三部分组成。电磁机构为直动式双 E 型铁芯，触点系统借用 LX5 型微动开关，延时机构采用气囊式阻尼器。

空气阻尼式时间继电器可以做成通电延时型，也可改成断电延时型，电磁机构可以是直流的，也可以是交流的，如图 1-15 所示。

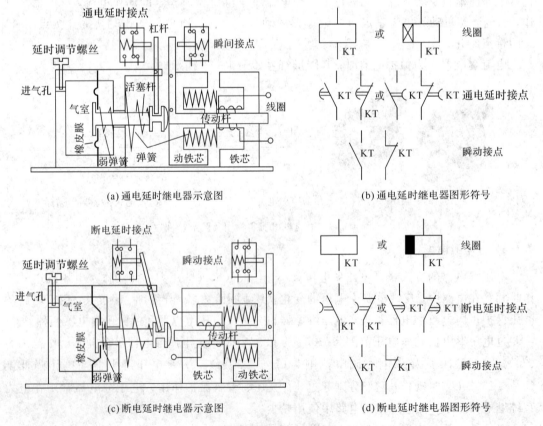

(a) 通电延时继电器示意图　　　　　　　(b) 通电延时继电器图形符号

(c) 断电延时继电器示意图　　　　　　　(d) 断电延时继电器图形符号

图 1-15　空气阻尼式时间继电器示意图及图形符号

现以通电延时型时间继电器为例介绍其工作原理。

图 1-15(a)中通电延时型时间继电器为线圈不得电时的情况,当线圈通电后,动铁芯吸合,带动 L 型传动杆向右运动,使瞬动接点受压,其接点瞬时动作。活塞杆在塔形弹簧的作用下,带动橡皮膜向右移动,弱弹簧将橡皮膜压在活塞上,橡皮膜左方的空气不能进入气室,形成负压,只能通过进气孔进气,因此活塞杆只能缓慢地向右移动,其移动的速度和进气孔的大小有关(通过延时调节螺丝调节进气孔的大小可改变延时时间)。经过一定的延时后,活塞杆移动到右端,通过杠杆压动微动开关(通电延时接点),使其常闭触点断开,常开触点闭合,起到通电延时作用。

当线圈断电时,电磁吸力消失,动铁芯在反力弹簧的作用下释放,并通过活塞杆将活塞推向左端,这时气室内的空气通过橡皮膜和活塞杆之间的缝隙排掉,瞬动接点和延时接点迅速复位,无延时。

如果将通电延时型时间继电器的电磁机构反向安装,就可以改为断电延时型时间继电器,如图 1-15(c)中断电延时型时间继电器所示。线圈不得电时,塔形弹簧将橡皮膜和活塞杆推向右侧,杠杆将延时接点压下(注意,原来通电延时的常开接点现在变成了断电延时的常闭接点,原来通电延时的常闭接点现在变成了断电延时的常开接点),当线圈通电时,动铁芯带动 L 型传动杆向左运动,使瞬动接点瞬时动作,同时推动活塞杆向左运动,如前所述,活塞杆向左运动不延时,延时接点瞬时动作。线圈失电时动铁芯在反力弹簧的作用下返回,瞬动接点瞬时动作,延时接点延时动作。

时间继电器线圈和延时接点的图形符号都有两种画法,线圈中的延时符号可以不画,接点中的延时符号可以画在左边也可以画在右边,但是圆弧的方向不能改变,如图 1-15(b)和(d)所示。

空气阻尼式时间继电器的优点是结构简单、延时范围大、寿命长、价格低廉,且不受电源电压及频率波动的影响,其缺点是延时误差大、无调节刻度指示,一般适用延时精度要求不高的场合。常用的产品有 JS7-A、JS23 等系列,其中 JS7-A 系列的主要技术参数为延时范围,分 0.4~60 s 和 0.4~180 s 两种,操作频率为 600 次/h,触点容量为 5 A,延时误差为±15%。在使用空气阻尼式时间继电器时,应保持延时机构的清洁,防止因进气孔堵塞而失去延时作用。

时间继电器在选用时应根据控制要求选择其延时方式,根据延时范围和精度选择继电器的类型。

6. 热继电器

热继电器主要是用于电气设备(主要是电动机)的过负荷保护。热继电器是一种利用电流热效应原理工作的电器,它具有与电动机容许过载特性相近的反时限动作特性,主要与接触器配合使用,用于对三相异步电动机的过负荷和断相保护。

三相异步电动机在实际运行中,常会遇到因电气或机械原因等引起的过电流(过载和断相)现象。如果过电流不严重,持续时间短,绕组不超过允许温升,这种过电流是允许的;如果过电流情况严重,持续时间较长,则会加快电动机绝缘老化,甚至烧毁电动机,因此,在电动机回路中应设置电动机保护装置。常用的电动机保护装置种类很多,使用最多、最普遍的是双金属片式热继电器。目前,双金属片式热继电器均为三相式,有带断相保护和不带断相保护两种。

1) 热继电器的工作原理

图 1-16(a)所示是双金属片式热继电器的实物图，图 1-16(b)所示是其图形符号。它主要由双金属片、热元件、复位按钮、传动杆、拉簧、调节旋钮、复位螺丝、触点和接线端子等组成。

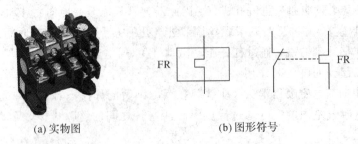

(a) 实物图　　　　　　　　　(b) 图形符号

图 1-16　热继电器实物图及图形符号

双金属片是一种将两种线膨胀系数不同的金属用机械辗压方法使之形成一体的金属片。膨胀系数大的(如铁镍铬合金、铜合金或高铝合金等)称为主动层，膨胀系数小的(如铁镍类合金)称为被动层。由于两种线膨胀系数不同的金属紧密地贴合在一起，当产生热效应时，使得双金属片向膨胀系数小的一侧弯曲，由弯曲产生的位移带动触点动作。

热元件一般由铜镍合金、镍铬铁合金或铁铬铝等合金电阻材料制成，其形状有圆丝、扁丝、片状和带材几种。热元件串接于电机的定子电路中，通过热元件的电流就是电动机的工作电流(大容量的热继电器装有速饱和互感器，热元件串接在其二次回路中)。当电动机正常运行时，其工作电流通过热元件产生的热量不足以使双金属片变形，热继电器不会动作。当电动机发生过电流且超过整定值时，双金属片的热量增大而发生弯曲，经过一定时间后，使触点动作，通过控制电路切断电动机的工作电源。同时，热元件也因失电而逐渐降温，经过一段时间的冷却，双金属片恢复到原来的状态。

热继电器动作电流的调节是通过旋转调节旋钮来实现的。调节旋钮为一个偏心轮，旋转调节旋钮可以改变传动杆和动触点之间的传动距离，距离越长动作电流就越大，反之，动作电流就越小。

热继电器复位方式有自动复位和手动复位两种，将复位螺丝旋入，使常开的静触点向动触点靠近，这样动触点在闭合时处于不稳定状态，在双金属片冷却后动触点也返回，为自动复位方式。如将复位螺丝旋出，触点不能自动复位，为手动复位方式。在手动复位方式下，需在双金属片恢复状态时按下复位按钮才能使触点复位。

2) 热继电器的选择原则

热继电器主要用于电动机的过载保护，使用中应考虑电动机的工作环境、启动情况、负载性质等因素，具体应按以下几个方面来选择：

(1) 热继电器结构型式的选择：星形接法的电动机可选用两相或三相结构热继电器，三角形接法的电动机应选用带断相保护装置的三相结构热继电器。

(2) 热继电器的动作电流整定值一般为电动机额定电流的 1.05～1.1 倍。

(3) 对于重复短时工作的电动机(如起重机电动机)，由于电动机不断重复升温，热继电器双金属片的温升跟不上电动机绕组的温升，电动机将得不到可靠的过载保护。因此，不宜选用双金属片热继电器，而应选用过电流继电器或能反映绕组实际温度的温度继电器来进行保护。

7. 速度继电器

速度继电器又称为反接制动继电器，主要用于三相鼠笼型异步电动机的反接制动控制。图 1-17 为速度继电器的原理示意图及图形符号，它主要由转子、定子和触点三部分组成。

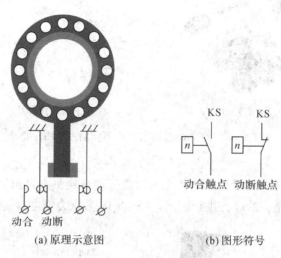

(a) 原理示意图　　　　　　　(b) 图形符号

图 1-17　速度继电器的原理示意图及图形符号

转子是一个圆柱形永久磁铁，定子是一个鼠笼型空心圆环，由硅钢片叠成，并装有鼠笼型绕组。其转子的轴与被控电动机的轴相连接，当电动机转动时，转子（圆柱形永久磁铁）随之转动产生一个旋转磁场，定子中的鼠笼型绕组切割磁力线而产生感应电流和磁场，两个磁场相互作用，使定子受力而随之转动，当达到一定转速时，装在定子轴上的摆锤推动簧片触点运动，使常闭触点断开，常开触点闭合。当电动机转速低于某一数值时，定子产生的转矩减小，触点在簧片作用下复位。

常用的速度继电器有 JY1 型和 JFZ0 型两种。其中 JY1 型可在 700～3600 r/min 范围工作，JFZ0-1 型适用于 300～1000 r/min，JFZ0-2 型适用于 1000～3000 r/min。

一般速度继电器都具有两对转换触点，一对用于正转时动作，另一对用于反转时动作。触点额定电压为 380 V，额定电流为 2 A。通常速度继电器动作转速为 130 r/min，复位转速在 100 r/min 以下。

8. 液位继电器

液位继电器主要用于对液位的高低进行检测并发出开关量信号，以控制电磁阀、液泵等设备对液位的高低进行控制。液位继电器的种类很多，工作原理也不尽相同，下面介绍 JYF-02 型液位继电器。其实物图及图形符号如图 1-18 所示。浮筒置于液体内，浮筒的另一端为一根磁钢，靠近磁钢的液体外壁也装一根磁钢，并和动触点相连，当水位上升时，受浮力上浮而绕固定支点上浮，带动磁钢条向下，当内磁钢 N 极低于外磁钢 N 极时，由于液体壁内外两根磁钢同性相斥，壁外的磁钢受排斥力迅速上翘，带动触点迅速动作。同理，当液位下降，内磁钢 N 极高于外磁钢 N 极时，外磁钢受排斥力迅速下翘，带动触点迅速动作。液位高低的控制是由液位继电器安装的位置来决定的。

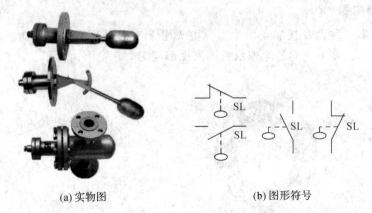

(a) 实物图   (b) 图形符号

图 1-18   JYF-02 型液位继电器实物图及图形符号

9. 压力继电器

压力继电器主要用于对液体或气体压力的高低进行检测并发出开关量信号，以控制电磁阀、液泵等设备对压力的高低进行控制。图 1-19 为压力继电器实物图及图形符号。

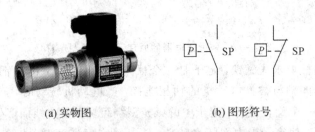

(a) 实物图   (b) 图形符号

图 1-19   压力继电器实物图及图形符号

压力继电器主要由压力传送装置和微动开关等组成，液体或气体压力经压力入口推动橡皮膜和滑杆，克服弹簧反力向上运动，当压力达到给定压力时，触动微动开关，发出控制信号，旋转调压螺母可以改变给定压力。

1.1.6 主令电器

主令电器在控制电路中主要是用来发布控制命令，其作用是实现远程操作和自动控制。常用的主令电器有：控制按钮、行程开关、接近开关、万能转换开关，主令控制器有：脚踏开关、倒顺开关、紧急开关、钮子开关等。

1. 控制按钮

控制按钮一般和接触器或继电器配合使用，实现对电动机的远程操作、控制电路的电气联锁等。它是一种结构简单、使用广泛的手动主令电器。控制按钮的结构由按钮帽、复位弹簧、桥式触点和外壳等组成，如图 1-20 所示。

控制按钮通常配备一个常开触点和一个常闭触点（也可以进行多组触点的扩展），当控制按钮被按下时，桥式动触点将常闭静触点断开，常开静触点闭合。释放后，弹簧将桥式动触点拉回原位，相应的触点也复位。

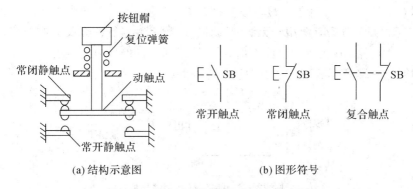

图 1-20 控制按钮结构示意图及图形符号

（1）常开按钮是用来控制电动机和电路的启动与开始运行的。使用时一般只对其常开触点进行接线，常开按钮的颜色通常选为绿色，安装时布局在上方或是左侧。

（2）常闭按钮是用来控制电动机和电路的停止的。使用时一般只对其常闭触点进行接线，常闭按钮的颜色通常选为红色，安装时布局在下方或右侧。

2. 行程开关

行程开关又叫限位开关，它的种类繁多，按运动形式可分为直动式、微动式、转动式等；按触点的性质可分为有触点式和无触点式。

1）有触点行程开关

有触点行程开关简称行程开关，行程开关的工作原理和按钮相同，区别在于它不是靠手的按压，而是利用生产机械运动的部件碰压而使触点动作来发出控制指令的。它用于控制生产机械的运动方向、速度、行程大小或位置等，其结构形式多种多样。

图 1-21 所示为两种操作类型的行程开关及图形符号。

(a)直动式行程开关实物图　(b)微动式行程开关实物图　(c)图形符号

图 1-21 行程开关实物图及图形符号

行程开关的主要参数有型式、动作行程、工作电压及触头的电流容量。常用的行程开关有 LX19、LXW5、LXK3、LX32 和 LX33 等系列。目前国内生产的行程开关有 LXK3、3SE3、LXl9、LXW 和 LX 等系列。

2）无触点行程开关

无触点行程开关又称为接近开关，它可以代替有触头行程开关来完成行程控制和限位保护，还可用于高频计数、测速、液位控制、零件尺寸检测、加工程序的自动衔接等的非接触式开关。由于它具有非接触式触发、动作速度快、可在不同的检测距离内动作、发出的信号稳定无脉动、工作稳定可靠、寿命长、重复定位精度高以及能适应恶劣的工作环境等特点，所以在机床、纺织、印刷、塑料等工业生产中应用广泛。

无触点行程开关分为有源型和无源型两种，多数无触点行程开关为有源型，主要包括检测元件、放大电路、输出驱动电路三部分，一般采用5～24 V的直流电源，或220 V交流电源等。如图1-22所示为三线式有源型接近开关结构框图。

图1-22　有源型接近开关结构框图

接近开关按检测元件工作原理可分为高频振荡型、超声波型、电容型、电磁感应型、永磁型、霍尔元件型与磁敏元件型等。不同型式的接近开关所检测的被检测体不同。

电容式接近开关可以检测各种固体、液体或粉状物体，其主要由电容式振荡器及电子电路组成，它的电容位于传感界面，当物体接近时，将因改变了电容值而振荡，从而产生输出信号。

霍尔接近开关用于检测磁场，一般用磁钢作为被检测体。其内部的磁敏感器件仅对垂直于传感器端面的磁场敏感，当磁极的S极正对接近开关时，接近开关的输出产生正跳变，输出为高电平，若磁极的N极正对接近开关，则输出为低电平。

超声波接近开关适于检测不能或不可触及的目标，其控制功能不受声、电、光等因素干扰，检测物体可以是固体、液体或粉末状态的物体，只要能反射超声波即可。其主要由压电陶瓷传感器、发射超声波和接收反射波用的电子装置及调节检测范围用的程控桥式开关等几部分组成。

高频振荡式接近开关用于检测各种金属，主要由高频振荡器、集成电路或晶体管放大器和输出器三部分组成，其基本工作原理是当有金属物体接近振荡器的线圈时，该金属物体内部产生的涡流将吸取振荡器的能量，致使振荡器停振。振荡器的振荡和停振这两个信号经整形放大后转换成开关信号输出。

接近开关的输出形式有两线式、三线式和四线式三种，晶体管输出类型有NPN和PNP两种，外形有方型、圆型、槽型和分离型等多种，图1-23为槽型三线式NPN型光电式接近开关和远距分离型光电开关。

(a) 槽型光电式接近开关　　　　(b) 远距分离型光电开关

图1-23　槽型和分离型光电开关实物图

接近开关的主要参数有型式、动作距离范围、动作频率、响应时间、重复精度、输出型式、工作电压及输出触点的容量等。接近开关的图形符号可用图1-24表示。

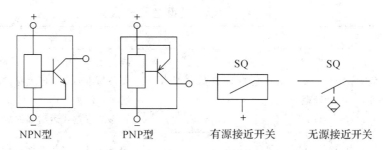

图 1-24　接近开关的图形符号

接近开关的产品种类十分丰富，常用的国产接近开关有 LJ、3SG 和 LXJ18 等系列，国外进口及引进产品亦在国内有大量的应用。

3. 万能转换开关

万能转换开关是一种多挡式、控制多回路的主令电器。它主要用于完成对电路的选择控制、信号转换、电源的换相测量等任务。如手动、自动的切换，多路信号的输入选择，电流表和电压表的换相测量等，其结构原理如图 1-25 所示。

LW5-15D0403/2			
触头编号	45°	0°	45°
NO	1-2	X	
NO	3-4	X	
NO	5-6	X	X
NO	7-8		X

图 1-25　万能转换开关结构图

图 1-25 中万能转换开关打向左 45°时，触点 1-2、3-4、5-6 闭合，触点 7-8 打开；打向 0°时，只有触点 5-6 闭合；打向右 45°时，触点 7-8 闭合，其余打开。

4. 信号灯

信号灯是用来指示电气运行状态、生产节拍、机械位置、控制命令等的电器器件。其发光源有白炽灯、氖炮、LED 发光元件等形式，通常在低电压中用白炽灯和 LED 发光元件，在高压中用氖炮。信号灯可以单独使用，也可以和按钮组合使用。信号灯的图形符号如图 1-26 所示。

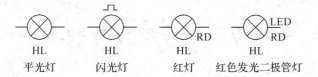

图 1-26　信号灯的图形符号

如果要在图形符号上标注信号灯的颜色，可在靠近图形处标出对应颜色的字母：红色：RD；黄色：YE；绿色：GN；蓝色：BU；白色：WH。

常用的信号灯型号有 AD11、AD30、ADJ1 等，信号灯的主要参数有工作电压、安装尺寸及发光颜色等。指示灯的颜色及其含义如表 1-1 所示。

表 1-1　指示灯的颜色及其含义

颜　色	含　义	说　明	典 型 应 用
红色	危险 告急	可能出现危险和需要立即处理	1. 温度超过规定(或安全)限制； 2. 设备的重要部分已被保护电器切断； 3. 润滑系统失压； 4. 有触及带电或运动部件的危险
黄色	注意	情况有变化或即将发生变化	1. 温度(或压力)异常； 2. 当仅能承受允许的短时过载时
绿色	安全	正常或允许进行	1. 冷却通风正常； 2. 自动控制系统运行正常； 3. 机器准备启动
蓝色	按需要 指定用意	除红、黄、绿三色外的任何指定用意	1. 遥控指示； 2. 选择开关在设定位置
白色	无特定 用意	任何用意。不能确切地用红、黄、绿颜色表示用意时，以及用作执行时	

5. 报警器

　　常用的报警器有电铃和电喇叭等，一般电铃用于正常的操作信号(如设备启动前的警示)和设备的异常现象(如变压器的过载、漏油)。电喇叭用于设备的故障信号(如线路短路跳闸)。报警器的图形符号如图 1-27 所示。

图 1-27　报警器的图形符号

1.2　电气图中的图形符号和文字符号

1.2.1　电器的文字符号

　　电器的文字符号目前执行的国家标准是 GB/T 5094.3—2005《工业系统、装置与设备以及工业产品结构原则与参照代号》和 GB/T 20939—2007《技术产品及技术产品文件结构原则》。这两个标准都是根据 IEC 国际标准而制定的。

　　在 GB/T 20939—2007《技术产品及技术产品文件结构原则》中将所有的电气设备、装置和元件分成 23 个大类，每个大类用一个大写字母表示。文字符号分为基本文字符号和辅助文字符号。

基本文字符号分为单字母符号和双字母符号两种。单字母符号应优先采用，每个单字母符号表示一个电器大类，如表 1-2 所示。如 C 表示电容器类，R 表示电阻器类等。

双字母符号由一个表示种类的单字母符号和另一个字母组成，第一个字母表示电器的大类，第二个字母表示对某电器大类的进一步划分。例如 G 表示电源大类，GB 表示蓄电池，S 表示控制电路开关，SB 表示按钮，SP 表示压力传感器（继电器）。

文字符号用于标明电器的名称、功能、状态和特征。同一电器如果功能不同，其文字符号也不同，例如照明灯的文字符号为 EL，信号灯的文字符号为 HL。

辅助文字符号表示电气设备、装置和元件的功能、状态和特征，由 1～3 位英文名称缩写的大写字母表示，例如辅助文字符号 BW(Backward 的缩写)表示向后，P(Pressure 的缩写)表示压力。辅助文字符号可以和单字母符号组合成双字母符号，例如单字母符号 K(表示继电器接触器大类)和辅助文字符号 AC(交流)组合成双字母符号 KA，表示交流继电器；单字母符号 M(表示电动机大类)和辅助文字符号 SYN(同步)组合成双字母符号 MS，表示同步电动机。辅助文字符号可以单独使用，例如图 1-26 中的 RD 表示信号灯为红色。

1.2.2　电器的图形符号

电器的图形符号目前执行的国家标准为 GB/T 4728—2005《电气简图用图形符号》，也是根据 IEC 国际标准制定的。该标准给出了大量的常用电器图形符号，表示产品特征。通常用比较简单的电器作为一般符号。对于一些组合电器，不必考虑其内部细节时可用方框符号表示，如表 1-2 中的整流器、逆变器、滤波器等。

国家标准 GB/T 4728—2005 的一个显著特点就是图形符号可以根据需要进行组合，在该标准中除了提供了大量的一般符号之外，还提供了大量的限定符号和符号要素，限定符号和符号要素不能单独使用，它相当于一般符号的配件。将某些限定符号或符号要素与一般符号进行组合就可组成各种电气图形符号，例如图 1-9 所示的断路器的图形符号就是由多种限定符号、符号要素和一般符号组合而成的，如图 1-28 所示。

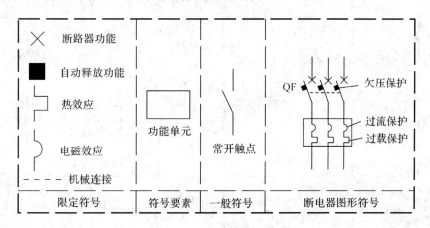

图 1-28　断路器图形符号的组成

表 1－2　常用电器分类及图形符号、文字符号举例

分　类	名　称	图形符号 文字符号	分　类	名　称	图形符号 文字符号
A 组件 部件	启动 装置		F 保护 器件	欠电流 继电器	$I<$　FA
B 将电量变 换成非电 量，将非 电量变换 成电量	扬声器	（将电量变换成非电量）		过电流 继电器	$I>$　FA
	传声器	（将非电量变换成电量）		欠电压 继电器	$U<$　FV
				过电压 继电器	$U>$　FV
C 电容器	一般 电容器	C		热继电器	FR　FR FR　FR
	极性 电容器	+ C			
	可变 电容器	C		熔断器	FU
D 二进制元件	与门	D &	G 发生器、 发电机、 电源	交流 发电机	G ~
	或门	D ≥1		直流 发电机	G
	非门	D		电池	GB －　＋
E 其他	照明灯	EL	H 信号器件	电喇叭	HA

分　类	名　称	图形符号 文字符号	分　类	名　称	图形符号 文字符号
H 信号器件	蜂鸣器	HA HA 优选形　一般形	L 电感器、 电抗器	电抗器	L
	信号灯	HL	M 电动机	鼠笼型 电动机	U V W M 3~
I		不使用		绕线型 电动机	U V W M 3~
J		不使用		它励直流 电动机	M
K 继电器、 接触器	中间 继电器	KA KA		并励直流 电动机	M
	通用 继电器	KA KA		串励直流 电动机	M
	接触器	KM KM		三相步进 电动机	M
	通电延时型 时间继电器	KT 或 KT KT KT 或 KT KT		永磁直流 电动机	M
	断电延时型 时间继电器	KT 或 KT KT KT 或 KT KT	N 模拟元件	运算 放大器	N ∞ +
L 电感器、 电抗器	电感器	L（一般符号） L（带磁芯符号）		反相 放大器	N 1 +
	可变 电感器	L		数-模 转换器	#/U N
				数-模 转换器	U/# N

分 类	名 称	图形符号 文字符号	分 类	名 称	图形符号 文字符号
O		（不使用）		电阻	R
P 测量设备 试验设备	电流表	PA A	R 电阻器	固定抽头 电阻	R
	电压表	PV V		可变电阻	R
	有功 功率表	KW PW		电位器	RP
	有功 电度表	KWh PJ		频敏 变阻器	RF
Q 电力电路的 开关器件	断路器	QF	S 控制、记 忆、信号电 路开关器 件选择器	按钮	SB
	隔离开关	QS		急停按钮	SB
	刀熔开关	QS		行程开关	SQ
	手动开关	QS QS		压力 继电器	P P SP
	双投刀 开关	QS		液位 继电器	SL SL SL SL
	组合开关 旋转开关	QS		速度 继电器	SV SV SV
	负荷开关	QL		选择 开关	SA
				接近 开关	SQ
				万能转换 开关、凸轮 控制器	SA 2 1 0 1 2

分　类	名　称	图形符号 文字符号	分　类	名　称	图形符号 文字符号
T 变压器 互感器	单相变压器	T	W 传输通道、 波导、天线	导线，电缆， 母线	W
	自耦 变压器	T 形式1　形式2		天线	W
	三相变压器 （星形/三角 形接线）	T 形式1　形式2	X 端子 插头 插座	插头	XP 优选型　其他型
	电压 互感器	电压互感器与变压 器图形符号相同，文字 符号为 TV		插座	XS 优选型　其他型
	电流 互感器	TA 形式1　形式2		插头插座	X 优选型　其他型
U 调制器 变换器	整流器	U		连接片	断开时 接通时　XB
	桥式全波 整流器	U	Y 电器 操作的 机械器件	电磁铁	或　YA
	逆变器	U		电磁吸盘	或　YH
	变频器	$\frac{f_1}{f_2}$　U		电磁 制动器	M　YB
V 电子管 晶体管	二极管	V		电磁阀	或　或　YV
	三极管	V　V PNP型　NPN型	Z 滤波器、 限幅器、 均衡器、 终端设备	滤波器	Z
				限幅器	Z
	晶闸管	V　V 阳极侧受控　阴极侧受控		均衡器	Z

1.3 电气图基本知识

电气图是根据国家电气制图标准，使用电气图例符号和文字符号以及规定的画法绘制而成的技术图纸。它包括电气控制系统图（电气原理图、电气接线图、电器元件布置图）、电气平面图、设备布局图、安装施工图、电气图例说明、设备材料明细表等。

1. 电气原理图

电气原理图表示电气控制线路的工作原理以及各电器元件的作用和相互关系，而不考虑各电器元件的实际安装位置和实际连线情况，具有结构简单、层次分明、便于研究和分析电路等优点，如图 1-29 所示。

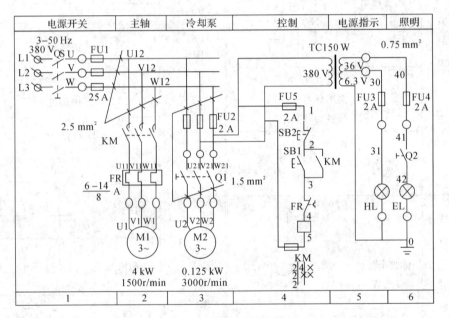

图 1-29 电气原理图

电气原理图根据控制对象的不同可分为主电路和控制电路。主电路是将电源与电气设备（电动机或电负荷）借助于低压电器进行可靠连接的电路，涉及到的低压电器有低压断路器、熔断器、接触器（智能控制单元）、热过载保护器、接线端子等。控制电路是由主令电器、接触器和继电器的线圈、各种电器的常开和常闭辅助触点、电磁阀、电磁铁等按控制要求和控制逻辑进行的组合。

绘制电气原理图时，一般遵循以下规则：

（1）电气控制线路分主电路和控制电路。主电路用粗线绘出，而控制线路用细线画。一般主电路画在左侧，控制电路画在右侧。

（2）电气控制线路中，同一电器的各导电部分如线圈和触点常常不画在一起，但要用同一文字符号标注。若有多个同类电器，可在文字符号后加上数字序号，如 KM1、KM2 等。

（3）电气控制线路的全部触点都按"非激励"状态绘出。"非激励"状态对电操作元件如接触器、继电器等是指线圈未通电时的触点状态；对机械操作元件如按钮、行程开关等是指没有受到外力时的触点状态；对主令控制器是指手柄置于"零位"时各触点的状态；断路器和隔离开关的触点处于断开状态。

（4）控制电路的分支线路，原则上按照动作先后顺序排列，两线交叉连接的电气连接点需用黑点标出，两线连接的接线端子用空心圆画出。

2. 电气接线图

电气接线图是将分布在电控柜和现场的电器元件和设备进行线路连接（如图1-30所示），绘制接线图时应把各电器的各个部分（如触点与线圈）画在一起，文字符号、元件连接顺序、线路号码编制必须与电气原理图一致。以安装接线为主，基本不涉及电气设备的整体结构和工作原理，着重表达接线过程。

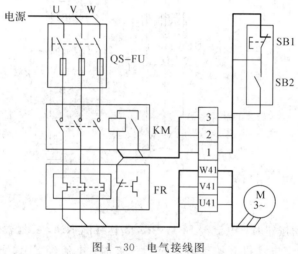

图 1-30　电气接线图

3. 电气元件布置图

电气元件布置图是器件的布局和位置安装示意图（见图1-31），包括在电控柜中和现场的分布，如电控柜中器件的分布、控制操作盘中器件的分布、器件的间隔和排放顺序、安装方式和定位等。在进行元器件布局时要注意整齐、美观、对称，将外形尺寸与结构类型类似的电器尽量安装在一起，以利于加工、安装和配线。在电气元件布置图中，一般标有各元件间距尺寸、安装孔距和进出线的方式。

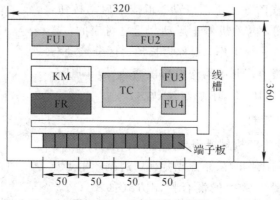

图 1-31　电气元件布置图

1.4 三相异步电动机的基本控制电路

1.4.1 基本控制环节

1. 自锁控制

自锁控制电路如图 1-32 所示。

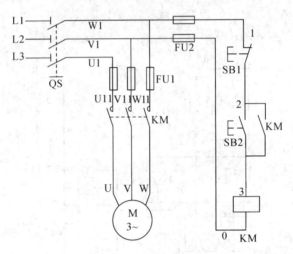

图 1-32 自锁控制

当按下 SB2 启动按钮时，电流经 SB1、SB2 到达线圈 KM，接触器动作，接触器的主触点和辅助触点均闭合，电动机开始运转。松开 SB2 时，电流经 SB1、KM 的辅助触点到达线圈 KM，线圈保持一直得电。这种依靠接触器的辅助触点使线圈保持一直得电的方式称为自锁控制。当按下 SB1 停止按钮时，线圈 KM 失电，所有触点返回，电动机停止转动。

这个电路是单向自锁控制电路，它的特点是：启动、保持、停止，所以称为"启、保、停"控制电路。

2. 点动控制

实际生产中，生产机械常需点动控制，如机床调整对刀和刀架、立柱的快速移动等。所谓点动，指按下启动按钮，电动机转动；松开按钮，电动机停止运动。与之对应的，若松开按钮后能使电动机连续工作，则称为长动。区分点动与长动的关键是控制电路中控制电器通电后能否自锁，即是否具有自锁触点。点动控制电路如图 1-33 所示。

3. 点动/长动混合控制

生产实际中，有的生产机械既需要连续运转进行加工生产，又需要在进行调整工作时采用点动控制，这就产生了点动、长动混合控制电路。常用的混合控制方式如图 1-34 所示。

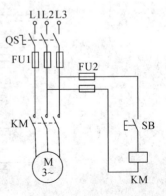

图 1-33 点动控制

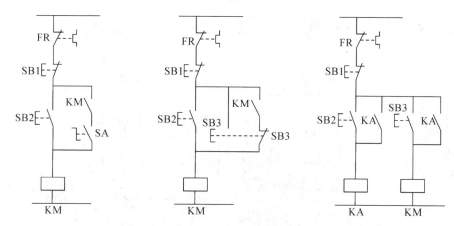

图 1 - 34　点动/长动混合控制

4．多地点与多条件控制线路

多地点控制是指在两地或两个以上地点进行的控制操作，多用于规模较大的设备，为了操作方便常要求能在多个地点进行操作。在某些机械设备上，为保证操作安全，需要满足多个条件设备才能工作。这样的控制要求可通过在电路中串联或并联电器的常闭触点和常开触点来实现。

多地点控制按钮的连接原则为：常开按钮均相互并联，组成"或"逻辑关系，常闭按钮均相互串联，组成"与"逻辑关系，任一条件满足，结果即可成立。遵循以上原则还可实现三地及更多地点的控制，电气控制线路如图 1 - 35(a)所示。多条件控制按钮的连接原则为：常开按钮均相互串联，常闭按钮均相互并联，所有条件满足，结果才能成立。遵循以上原则还可实现更多条件的控制。电气控制线路如图 1 - 35(b)所示。

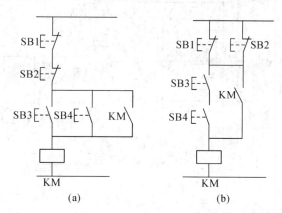

图 1 - 35　多地点与多条件控制线路

5．顺序控制线路

有多台电动机拖动的机械设备，在操作时为了保证设备的运行和工艺过程的顺利进行，对电动机的启动、停止，必须按一定顺序来控制，这就称为电动机的顺序控制。这种情况在机械设备中是很常见的。例如，有的机床的油泵电动机要先于主轴电动机启动，主轴电动机又先于切削液电动机启动等。电气控制线路如图 1 - 36 所示。

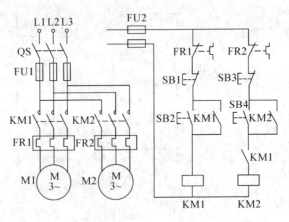

图 1 - 36　顺序控制线路

6. 正反转控制线路

生产实践中，许多设备均需要两个相反方向的运行控制，如机床工作台的进退、升降以及主轴的正反向运转等。此类控制均可通过电动机的正转与反转来实现。由电动机原理可知，电动机三相电源进线中任意两相对调，即可实现电动机的反向运转。电气控制线路如图 1 - 37 所示。

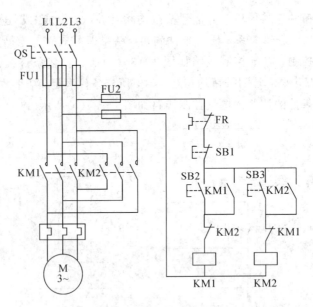

图 1 - 37　正反转控制线路

接触器 KM1 和 KM2 触点不能同时闭合，以免发生相间短路故障，因此需要在各自的控制电路中串接对方的常闭触点，构成互锁。

电动机由正转到反转，需先按停止按钮 SB1，在操作上不方便。为了解决这个问题，可利用复合按钮进行控制，采用复合按钮，还可以起到联锁作用，这是由于按下 SB2 时，只有 KM1 可得电动作，同时 KM2 回路被切断。同理按下 SB3 时，只有 KM2 可得电动作，同时 KM1 回路被切断。电气控制线路如图 1 - 38 所示。

但只用按钮进行联锁，而不用接触器常闭触点之间的联锁，是不可靠的。在实际中可能出现这样的情况，由于负载短路或大电流的长期作用，接触器的主触点被强烈的电弧"烧焊"在一起，或者接触器的机构失灵，使衔铁卡住，总是在吸合状态。这都可能使主触点不能断开，这时如果另一接触器动作，就会造成电源短路事故。

如果用的是接触器常闭触点进行联锁，不论什么原因，只要一个接触器是吸合状态，它的联锁常闭触点就必然将另一接触器线圈电路切断，这就能避免事故的发生。

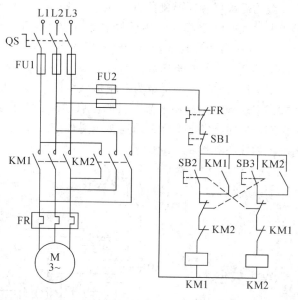

图 1-38　按钮联锁的正反转控制线路

1.4.2　三相异步电动机的启动控制

1. 笼型异步电动机直接启动控制线路

对容量较小，并且工作要求简单的电动机，如小型台钻、砂轮机、冷却泵的电动机，可用手动开关在动力电路中接通电源直接启动。

一般中小型机床的主电动机采用接触器直接启动，接触器直接启动电路分为两部分，主电路由接触器的主触点接通与断开，控制电路由按钮和辅助常开触点控制接触器线圈的通断电，实现对主电路的通断控制。其电气控制线路如图 1-39 所示。

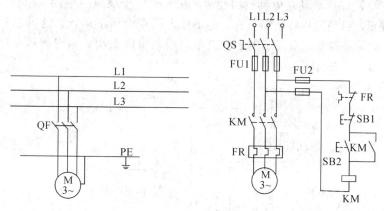

图 1-39　笼型异步电动机直接启动控制线路

直接启动的优点是电气设备少，线路简单。实际的直接启动电路一般采用空气开关直接启动控制。对于容量大的电动机来说，由于启动电流大，会引起较大的电网压降，所以必须采用减压启动的方法，以限制启动电流。

2. 笼型异步电动机降压启动控制线路

容量大于 10 kW 的笼型异步电动机直接启动时，启动冲击电流为额定值的 4～7 倍，故一般均需采用相应措施降低电压，即减小与电压成正比的电枢电流，从而在电路中不至于产生过大的电压降。常用的降压启动方式有定子电路串电阻降压启动、星形-三角形（Y -△)降压启动和自耦变压器降压启动。

1) 星形-三角形降压启动控制电路

正常运行时，定子绕组为三角形联结的笼型异步电动机，可采用星形-三角形的降压启动方式来达到限制启动电流的目的。启动时，定子绕组首先连接成星形，待转速上升到接近额定转速时，将定子绕组的连接由星形连接成三角形，电动机便进入全压正常运行状态。电气控制线路如图 1 - 40 所示。

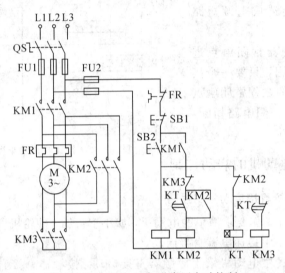

图 1 - 40   星形-三角形降压启动控制

2) 定子串电阻降压启动控制电路

电动机串电阻降压启动是电动机启动时，在三相定子绕组中串接电阻分压，使定子绕组上的压降降低，启动后再将电阻短接，电动机即可在全压下运行。这种启动方式不受接线方式的限制，设备简单，常用于中小型设备和限制机床点动调整时的启动电流。其电气控制线路如图 1 - 41 所示。

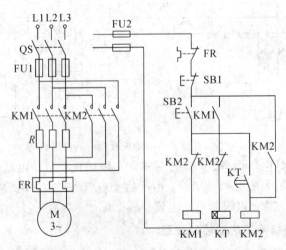

图 1 - 41   定子串电阻降压启动控制电路

3）自耦变压器降压启动控制电路

在自耦变压器降压启动的控制线路中，电动机启动电流的限制，是依靠自耦变压器的降压作用来实现的。电动机启动的时候，定子绕组得到的电压是自耦变压器的二次电压。一旦启动结束，自耦变压器便被切除，额定电压通过接触器直接加于定子绕组，电动机进入全压运行的正常工作。其电气控制线路如图 1-42 所示。

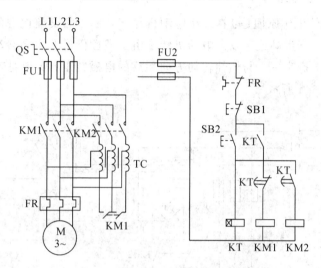

图 1-42　自耦变压器降压启动控制电路

1.4.3　三相异步电动机的制动控制

三相异步电动机从切除电源到完全停止运转。由于惯性的关系，总要经过一段时间，这往往不能适应某些生产机械工艺的要求。如万能铣床、卧式镗床、电梯等，为提高生产效率及准确停位，要求电动机能迅速停车，对电动机进行制动控制。制动方法一般有两大类：机械制动和电气制动。电气制动中常用反接制动和能耗制动。

1. 反接制动控制线路

反接制动控制的工作原理：改变异步电动机定子绕组中的三相电源相序，使定子绕组产生方向相反的旋转磁场，从而产生制动转矩，实现制动。反接制动要求在电动机转速接近零时及时切断反相序的电源，以防止电动机反向启动。

反接制动过程为：当想要停车时，首先切换三相电源，然后当电动机转速接近零时，再将三相电源切除。其电气控制线路如图 1-43 所示。

控制线路中停止按钮使用了复合按钮 SB1，并在其常开触点上并联了 KM2

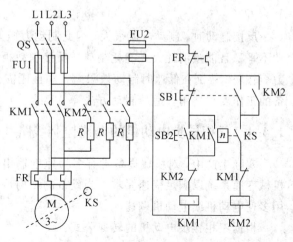

图 1-43　反接制动控制线路

的常开触点，使 KM2 能自锁。这样在用手转动电动机时，虽然 KS 的常开触点闭合，但只要不按复合按钮 SB1，KM2 就不会通电，电动机也就不会反接于电源，只有按下 SB1，KM2 才能通电，制动电路才能接通。因电动机反接制动电流很大，故在主回路中串入电阻 R，可防止制动时电动机绕组过热。

2. 能耗制动控制线路

能耗制动控制的工作原理是：在三相电动机停车切断三相交流电源的同时，将一直流电源引入定子绕组，产生静止磁场。电动机转子由于惯性仍沿原方向转动，则转子在静止磁场中切割磁力线，产生一个与惯性转动方向相反的电磁转矩，实现对转子的制动。其电气控制线路如图 1 - 44 所示。

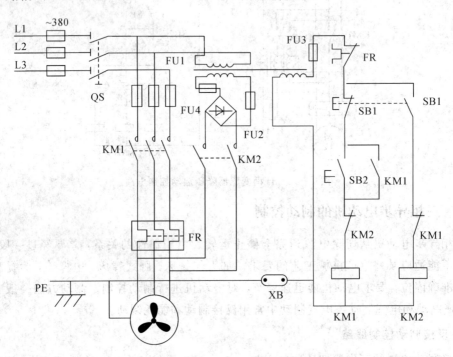

图 1 - 44　能耗制动控制线路

反接制动时，制动电流很大，因此制动力矩大，制动效果显著，但在制动时有冲击，制动不平稳且能量消耗大。能耗制动与反接制动相比，制动平稳、准确，能量消耗少，但制动力矩较弱，特别在低速时制动效果差，并且还需提供直流电源。在实际使用时，应根据设备的工作要求选用合适的制动方法。

1.4.4　三相异步电动机的调速控制线路

实际生产中，对机械设备常有多种速度输出的要求，通常采用单速电动机时，需配有机械变速系统以满足变速要求。当设备的结构尺寸受到限制或要求速度连续可调时，常采用多速电动机或电动机调速。

根据三相异步电动机的转速公式：

$$n = \frac{60 f_1}{p}(1 - s)$$

得出三相异步电动机的调速可使用改变电动机定子绕组的磁极对数、改变电源频率或改变转差率的方式。

三相笼型电动机采用改变磁极对数调速。当改变定子极数时,转子极数也同时改变。笼型转子本身没有固定的极数,它的极数随定子极数而定。电动机变极调速的优点是:它既适用于恒功率负载,又适用于恒转矩负载,线路简单,维修方便;缺点是:有级调速且价格昂贵。

改变定子绕组极对数的方法有:

(1)装一套定子绕组,改变它的连接方式,得到不同的极对数。

(2)定子槽里装两套极对数不一样的独立绕组。

(3)定子槽里装两套极对数不一样的独立绕组,而每套绕组本身又可以改变它的连接方式,得到不同的极对数,如图 1-45 所示。

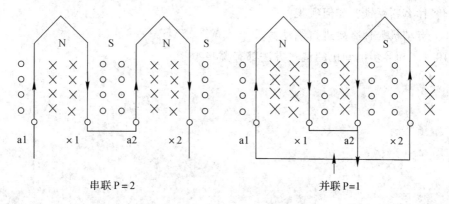

图 1-45　改变定子绕组极对数

调速控制线路如图 1-46 所示。

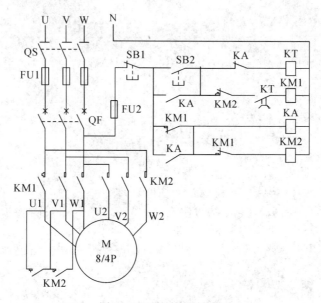

图 1-46　调速控制线路

习　题

1.1　选用接触器时应注意哪些问题？接触器和中间继电器有何差异？

1.2　电磁式继电器与接触器在结构上有何异同？

1.3　热继电器在电路中可以起短路保护吗？为什么？

1.4　既然在电动机的主电路中装有熔断器，为什么还要装热继电器？装有热继电器是否就可以不装熔断器？为什么？

1.5　行程开关、万能转换开关及主令控制器在电路中各起什么作用？

1.6　试设计对一台电动机可以进行两处操作的长动和点动控制线路。

1.7　在电动机直接启动电路中，按下启动按钮后电动机不转，可能的原因都有哪些？

1.8　什么叫互锁？如何实现？

1.9　电动机为什么要进行制动？

1.10　三相异步电动机的调速方法都有哪些？

第 2 章　可编程控制器概述

可编程控制器(Programmable Controller，PC)是在传统的继电接触器控制的基础上发展起来的一种自动控制装置，而 PAC 结合了 PLC 和 PC 两者的优点，是具有更高性能的工业控制器，兼具 PLC 的可靠性、坚固性和 PC 的开放性、自定义电路的灵活性。本章主要介绍可编程控制器的产生、分类、发展、特点、基本组成、工作原理、应用领域等内容，同时介绍了 PAC 概念的提出和 PAC 的特征。通过本章的学习，读者应该掌握 PLC 和 PAC 的基本概念以及两者之间的联系和区别，为后续的学习打下基础。

2.1　PLC 简述

可编程控制器是新一代的工业控制装置，是工业自动化的基础平台。目前已被广泛应用到石油、化工、电力、机械制造、汽车、交通等各个领域。早期的可编程控制器只能用于进行逻辑控制，因此被称为可编程逻辑控制器(Programmable Logic Controller，PLC)。随着现代技术的发展，可编程控制器用微处理器作为其控制的核心部件，其控制的功能也远远超过了逻辑控制的范围，于是这种装置被称为可编程控制器(Programmable Controller)，简称为 PC。但是为了避免与个人计算机(Personal Computer，简称 PC)相混淆，可编程控制器仍然被简称为 PLC。

2.1.1　PLC 的产生

PLC 产生之前，继电器控制系统广泛应用于工业生产的各个领域，起着不可替代的作用。随着生产规模的逐步扩大，继电器控制系统已越来越难以适应现代工业生产的要求。继电器控制系统通常是针对某一固定的动作顺序或生产工艺而设计的，它的控制功能仅局限于逻辑控制、定时、计数等一些简单的控制，一旦动作顺序或生产工艺发生变化，就必须重新进行设计、布线、装配和调试，造成时间和资金的严重浪费。另外继电器控制系统体积大、耗电多、可靠性差、寿命短、运行速度慢、适应性差。为了改变这一现状，1968 年，美国最大的汽车制造商通用汽车公司(GM)为了适应汽车型号不断更新的需求，并能在竞争激烈的汽车工业中占有优势，提出要研制一种新型的工业控制装置来取代继电器控制装置。为此，拟定了 10 项公开招标的技术要求(GM10 条)：

(1) 编程简单，可在现场修改程序；

(2) 维护方便，采用插件式结构；

(3) 可靠性高于继电器控制系统；

(4) 体积小于继电器控制柜；

(5) 可将数据直接送入管理计算机；

（6）在成本上可与继电器控制柜竞争；

（7）输入可以是交流 115 V；

（8）输出是交流 115 V、2 A 以上，可直接驱动电磁阀等；

（9）在扩展时，原系统只需要很小变更；

（10）用户程序存储器容量至少能扩展到 4 KB。

根据这些要求，1969 年，美国数字设备公司（DEC）研制出了世界上第一台 PLC，并在美国通用汽车公司自动装配生产线上试用成功。这种新型的工控装置，以其体积小、可靠性高、使用寿命长、简单易懂、操作维护方便等一系列优点，很快就在美国许多行业里得到推广和应用，同时也受到了世界上许多国家的高度重视。1971 年，日本从美国引进了这项新技术，并研制出了日本第一台 PLC。1973 年，西欧一些国家也研制出了自己的 PLC。我国从 20 世纪 70 年代中期开始研制 PLC，1977 年，我国采用美国 Motorola 公司的集成芯片成功研制出国内第一台有实用价值的 PLC。

2.1.2　PLC 的定义

1987 年国际电工委员会（International Electrotechnical Commission，IEC）在可编程控制器国际标准草案中对可编程控制器作出如下定义：可编程控制器是一种数字运算操作的电子系统，专为在工业环境下应用而设计。它采用了可编程序的存储器，用来在其内部存储执行逻辑运算、顺序控制、定时、计数和算术运算等操作的指令，并通过数字式、模拟式的输入和输出，控制各种类型的机械或生产过程。可编程控制器及其有关的外围设备都应按易于与工业控制系统形成一个整体、易于扩充其功能的原则设计。

由 PLC 的定义可以看出，PLC 具有和计算机相类似的结构，也是一种工业通用计算机，只不过 PLC 为适应各种较为恶劣的工业环境而设计，具有很强的抗干扰能力，这也是 PLC 区别于一般微机控制系统的一个重要特征，并且 PLC 必须经过用户二次开发编程才能使用。

2.1.3　PLC 的分类

PLC 是根据现代化大生产的需要而产生的，PLC 的分类也必然要符合现代化生产的需求。PLC 产品的种类繁多，型号规格不统一，通常从以下三个角度粗略地对 PLC 进行分类。

1. 按 PLC 的控制规模分类

按 PLC 的控制规模划分，可以分为小型机、中型机和大型机三类。

1）小型机

小型机的控制点数一般在 256 点以内，如日本 OMRON 公司生产的 CQM1、三菱公司生产的 FX2 和德国西门子公司生产的 S7 - 200。这类 PLC 由于控制点数不多，控制功能有一定局限性。但它价格低廉，并且小巧、灵活，可以直接安装在电气控制柜内，很适合用于单机控制或小型系统的控制。

2）中型机

中型机的控制点数一般在 256～2048 点之间，如日本 OMRON 公司生产的 C200H、日本富士公司生产的 HDC-100 和德国西门子公司生产的 S7-300。这类 PLC 由于控制点数较多，控制功能较强，有些 PLC 还有较强的计算能力，不仅可用于对设备进行直接控制，也可以对多个下一级的 PLC 进行监控，适用于中型或大型控制系统的控制。

3）大型机

大型机的控制点数一般大于 2048 点，如日本 OMRON 公司生产的 C2000H、日本富士公司生产的 F200 和德国西门子公司生产的 S7-400。这类 PLC 控制点数多，控制功能很强，有很强的计算能力。同时，这类 PLC 运行速度很高，不仅能完成较复杂的算术运算，还能进行复杂的矩阵运算，它不仅可以用于对设备进行直接控制，可以对多个下一级的 PLC 进行监控，还可以完成现代化工厂的全面管理和控制任务。

2. 按 PLC 的结构分类

按 PLC 的结构划分，可以分为整体式和模块式两大类。

1）整体式

整体式结构的 PLC 把电源、CPU、存储器和 I/O 系统都集成在一个单元内，该单元叫做基本单元。一个基本单元就是一台完整的 PLC。控制点数不满足需要时，可再接扩展单元，扩展单元不带 CPU，在安装时不用基板，仅用电缆进行单元间的连接，由基本单元和若干扩展单元组成较大的系统。整体式结构的特点是紧凑、体积小、成本低、安装方便，其缺点是各个单元输入与输出点数有确定的比例，使 PLC 的配置缺少灵活性，有些 I/O 资源不能充分利用。早期的小型机多为整体式结构。

2）模块式

PLC 的模块式结构通常也称为组合式结构。模块式结构的 PLC 是把 PLC 系统的各个组成部分按功能分成若干个模块，如 CPU 模块、输入模块、输出模块和电源模块等，其中各模块功能比较单一，模块的种类却日趋丰富。例如，有些 PLC 除了一些基本的 I/O 模块外，还有一些特殊功能模块，如温度检测模块、位置检测模块、PID 控制模块和通信模块等。模块式结构的 PLC 采用搭积木的方式，在一块基板插槽上插上所需模块组成控制系统（又叫做组合式结构）。有的 PLC 没有基板而是采用电缆把模块连接起来组成控制系统（又叫做叠装式结构）。模块式结构的 PLC 其特点是 CPU、输入和输出均为独立的模块。模块尺寸统一，安装整齐，I/O 点选型自由，并且安装调试、扩展和维修方便。中型机和大型机多为模块式结构。

3. 按 PLC 的功能分类

按 PLC 的功能划分，可以分为低档机、中档机和高档机三类。

1）低档机

低档机具有基本的控制功能和一般的运算能力。工作速度比较低，能带的输入/输出模块的数量比较少，种类也比较少。这类可编程序控制器只适合于小规模的简单控制，在联网中一般适合做从站使用。如日本 OMRON 公司生产的 C60P 就属于低档机。

2）中档机

中档机具有较强的控制功能和较强的运算能力，它不仅能完成一般的逻辑运算，也能完成比较复杂的三角函数、指数运算和 PID 运算。工作速度比较快，能带的输入/输出模块的数量和种类也比较多。这类可编程序控制器不仅能完成小型系统的控制，也可以完成较大规模的控制任务。在联网中可以做从站，也可以做主站。如德国西门子公司生产的S7-300就属于中档机。

3）高档机

高档机具有强大的控制功能和强大的运算能力，它不仅能完成逻辑运算、三角函数运算、指数运算和PID运算，还能进行复杂的矩阵运算。工作速度很快，能配带的输入/输出模块的数量很多，种类也很全面。这类可编程序控制器不仅能完成中等规模的控制工程，也可以完成规模很大的控制任务。在联网中一般做主站使用。如德国西门子公司生产的S7-400就属于高档机。

2.1.4　PLC的发展

可编程控制器（PLC）自问世以后就凭借其优越的性能得到了迅速的发展，现在PLC已经成为一种最重要的也是应用场合最多的工业控制器。

最初的PLC限于当时元器件的条件及计算机的发展水平，主要由分立元件和中小规模集成电路组成，存储器采用的是磁芯存储器。它只能完成简单的开关量逻辑控制以及定时、计数功能。这时的PLC主要是被用做继电器控制装置的替代品，但它的性能要优于继电器，其主要优点包括体积小、易于安装、能耗低、简单易学等。为了方便熟悉继电器、接触器系统的工程技术人员使用，可编程控制器在软件编程上采用和继电器控制电路相似的梯形图作为主要的编程语言。

20世纪70年代出现的微处理器使可编程控制器发生了巨大的变化。欧美及日本的一些厂家以微处理器和大规模集成电路芯片作为PLC的中央处理单元（CPU），使PLC增加了运算、数据传送及处理、通信、自诊断等功能，可靠性也得到了进一步的提升。PLC成为了真正具有计算机特征的工业控制装置。70年代中后期，可编程控制器进入实用化发展阶段，计算机技术已全面引入可编程控制器中，使其功能发生了飞跃式发展。更高的运算速度、更小的体积、更可靠的工业抗干扰设计、模拟量运算、PID功能以及极高的性价比奠定了PLC在现代工业中的地位。

20世纪80年代至90年代中期，可编程控制器在先进工业国家中已获得广泛应用。这个时期可编程控制器发展的特点是大规模、高速度、高性能、产品系列化。PLC在处理模拟量能力、数字运算能力、人机接口能力和网络能力等方面得到大幅度提高，PLC逐渐进入过程控制领域，在某些应用上取代了在过程控制领域处于统治地位的DCS系统。这个时期PLC的另一个特点是世界上生产可编程控制器的国家日益增多，产量日益上升。这标志着可编程控制器已步入成熟阶段。

20世纪末期至今，可编程控制器的发展更加适应于现代工业的需要。从产品规模上来看，PLC会进一步向超小型及超大型方向发展；从控制能力上来看，诞生了各种各样的特殊功能单元，用于压力、温度、转速、位移等各式各样的控制场合；从产品的配套能力来看，产生了各种人机界面单元、通信单元，使应用可编程控制器的工业控制设备的配套更加容易。目前，可编程控制器在机械制造、石油化工、冶金钢铁、汽车、轻工业等领域的应用都得到了长足的发展。伴随着计算机网络的发展，可编程控制器作为自动化控制网络和国际通用网络的重要组成部分，将在工业及工业以外的众多领域发挥越来越大的作用。

2.1.5　PLC 的特点

PLC 具有优越的性能，其主要特点包括以下几个方面。

（1）可靠性高、抗干扰能力强。

在传统的继电器控制系统中，由于器件的老化、脱焊、触点的抖动、触点的电弧、接触不良等现象，大大降低了系统的可靠性。继电器控制系统的维修不仅耗费时间和金钱，重要的是由于维修停产所带来的经济损失更是不可估量的。在 PLC 控制系统中，由于大量的开关动作是由无触点的半导体电路完成的，而且 PLC 在硬件和软件方面都采取了强有力的措施，使得产品具有极高的可靠性和抗干扰性。

在硬件方面 PLC 对所有的 I/O 接口电路都采用光电隔离措施，使工业现场的外部电路与 PLC 内部电路之间被有效地隔离开来，以减少故障和误动作；电源、CPU、编程器等都采用屏蔽措施，防止外界的干扰；供电系统及输入电路采用多种形式的滤波，以消除或抑制高频干扰，也削弱了各个部分之间的相互影响；采用模块式结构，当某一模块出现故障时，可以迅速更换该模块，从而尽可能缩短系统的故障停机时间。

在软件方面，PLC 设置了监视定时器，如果程序每次循环的执行时间超过了设定值，则表明程序已经进入死循环，可以立即报警。PLC 具有良好的自诊断功能，一旦电源或其他软件、硬件发生异常情况，CPU 会立即把当前状态保存起来，并禁止对程序的任何操作，以防止存储信息被冲掉，等故障排除后则会立即恢复到故障前的状态继续执行程序。另外，PLC 还加强了对程序的检查和校验，当发现错误时会立即报警，并停止程序的执行。

（2）编程方法简单易学。

大多数的 PLC 采用梯形图语言编程，其电路符号和表达方式与继电器电路原理图相似。只用少量的开关量逻辑控制指令就可以很方便地实现继电器电路的功能。另外梯形图语言形象直观、编程方便、简单易学，熟悉继电器控制电路图的电器技术人员很快就可以熟悉梯形图语言，并用来进行编写程序。

（3）灵活性和通用性强。

PLC 是利用程序来实现各种控制功能的。在 PLC 控制系统中，当控制功能改变时只需修改控制程序即可，PLC 的外部接线一般只需做少许改动。一台 PLC 可以用于不同的控制系统，只要加载相应的程序就行了。而继电器控制系统中当工艺要求稍有改变时，控制电路就必须随之做相应的变动，耗时又费力。所以说 PLC 的灵活性和通用性是继电器电路所无法比拟的。

（4）丰富的 I/O 接口模块。

PLC 针对不同的工业现场信号，如交流或直流、开关量或模拟量、电压或电流、脉冲或电位、强电或弱电信号，都能选择到相应的 I/O 模块与之相匹配。对于工业现场的器件或设备，如按钮、行程开关、接近开关、传感器及变送器、电磁线圈、控制阀等设备都有相应的 I/O 模块与之相连接。另外，为了提高 PLC 的操作性能，还有多种人机对话的接口模块，为了组成工业局域网络，还有多种通信联网的接口模块。

（5）采用模块化结构。

为了适应各种工业控制的需求，除了单元式的小型 PLC 以外，绝大多数 PLC 都采用模块化结构。PLC 的各个部件，包括 CPU、电源、I/O 接口等均采用模块化结构，并由机架及电缆将各模块连接起来。系统的规模和功能可以根据用户自己的需要自行组合。

（6）控制系统的设计、调试周期短。

由于 PLC 是通过程序来实现对系统的控制的，所以设计人员可以在实验室里设计和修改程序。还可以在实验室里进行系统的模拟运行和调试，使工作量大大减少。而继电器控制系统是靠调整控制电路的接线来改变其控制功能的，调试起来既费时又费力。

（7）体积小、能耗低，易于实现机电一体化。

小型 PLC 的体积仅相当于几个继电器的大小，其内部电路主要采用半导体集成电路，具有结构紧凑、体积小、重量轻、功耗低的特点。PLC 还具有很强的抗干扰能力，能适应各种恶劣的环境，因此，PLC 是实现机电一体化的理想控制装置。

2.1.6 PLC 的主要性能指标

PLC 的主要性能指标包括以下几个方面。

1）扫描速度

扫描速度是指 PLC 执行程序的速度，是衡量 PLC 性能的重要指标之一。一般以执行 1000 步指令所需的时间来衡量，单位为 ms/千步。有时也以执行 1 步指令的时间计算，单位为 μs/步。扫描速度越快，PLC 的响应速度也越快，对系统的控制也就越及时、准确、可靠。

2）存储容量

PLC 中的存储器包括系统存储器和用户程序存储器。这里的存储容量是指用户程序存储器的容量。用户程序存储器容量越大，可存储的程序就越大，可以控制的系统规模也就越大。

3）输入/输出点数

I/O 点数即 PLC 面板上的输入、输出端子的个数。I/O 点数越多，外部可接的输入器件和输出器件就越多，控制规模也就越大。

4）指令的数量和功能

用户编写的程序所完成的控制任务，取决于 PLC 指令的多少。编程指令的数量和功能越多，PLC 的处理能力和控制能力就越强。

5）内部器件的种类和数量

内部器件包括各种继电器、计数器、定时器、数据存储器等。其种类和数量越多，存储各种信息的能力和控制能力就越强。

6）可扩展性

在选择 PLC 时，需要考虑其可扩展性。它主要包括输入、输出点数的扩展，存储容量的扩展，联网功能的扩展和可扩展模块的多少。

2.2 PLC 硬件组成

PLC 本身就是一台适合工业现场使用的专用计算机，其硬件结构如图 2-1 所示。

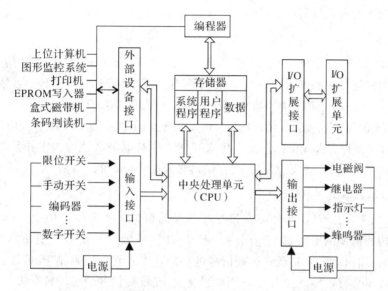

图 2-1　PLC 硬件结构图

PLC 是一种以微处理器为核心的专用于工业控制的特殊计算机，其硬件组成与一般的微型计算机相类似，虽然不同厂家 PLC 的结构多种多样，但其基本结构是相同的，即主要由中央处理器(CPU)、存储器、输入/输出单元、电源、I/O 扩展端口、通信单元等有机组合而成。根据结构的不同，PLC 可以分为整体式和组合式(也称模块式)两类。整体式 PLC 所有部件都装在同一机壳内，结构紧凑、体积小。小型机常采用这种结构，如德国西门子(SIEMENS)公司的 S7-200 系列 PLC。组合式 PLC 是将组成 PLC 的多个单元分别做成相应的模块，各模块在导轨上通过总线连接起来。大中型 PLC 常采用这种方式，如西门子公司的 S7-300/400 系列 PLC。西门子公司整体式 PLC 如图 2-2 所示，组合式 PLC 如图 2-3所示。

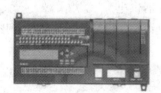

图 2-2　整体式 PLC

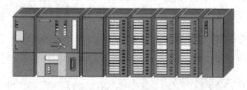

图 2-3　组合式 PLC

1. 中央处理器单元(CPU)

CPU 是 PLC 的核心部件，能使 PLC 按照预先编好的系统程序来完成各种控制。其作用主要有：

(1) 接收并存储用户程序和数据。

(2) 接收、调用现场输入设备的状态和数据。先将现场输入的数据保存起来，在需要用的时候调用该数据。

（3）诊断电源及 PLC 内部电路的工作状态和编程过程中的语法错误，发现错误时会立即报警。

（4）当 PLC 进入运行（Run）状态时，CPU 根据用户程序存放的先后顺序依次执行，完成程序中规定的操作。

（5）根据程序运行的结果更新有关标志位的状态和输出映像寄存器的内容，再经输出部件实现输出控制或数据通信功能。

2. 存储器

PLC 的存储器是用来存储数据和程序的，可以分为系统程序存储器（ROM 或 EPROM）、用户程序存储器（RAM）、工作数据存储器（RAM/FLASH）。系统程序存储器决定了 PLC 的功能，它是只读存储器，用户不能更改其内容。PLC 中常用 RAM 来存储用户程序，RAM 的工作速度快，价格便宜，改写方便，同时在 PLC 中配有锂电池，当外部电源断电时，可以保存 RAM 中的信息。用来存储工作数据的区域称为工作数据区。工作数据是经常变化和存取的，所以工作数据存储器必须是可读写的。

3. 输入/输出单元

输入/输出单元是 PLC 与外部设备互相联系的窗口。实际生产中信号电平是多样的，外部执行机构所需要的电平也是不同的。但是 CPU 所处理的信号只能是标准电平，因此需要通过输入/输出单元来实现对这些信号电平的转换。它实质上是 PLC 与被控对象之间传送信号的接口部件。输入单元接收现场设备向 PLC 提供的信号，如按钮、开关、继电器触点、拨码器等开关量信号。这些信号经过输入电路的滤波、光电隔离、电平转换等处理后变成 CPU 能够接收和处理的信号。输出单元将经过 CPU 处理的微弱电信号通过光电隔离、功率放大等处理后转换成外部设备所需要的强电信号，从而来驱动各种执行元件，如接触器、电磁阀、调节器、调速装置等。

4. 电源

一般情况下 PLC 使用 220 V 的交流电源或 24 V 的直流电源。电源部件将外部输入的交流电经整流滤波处理后转换成供 PLC 的中央处理器、存储器等内部电路工作所需要的 5 V、12 V、24 V 等不同电压等级的直流电源，使 PLC 能正常工作。许多 PLC 的直流电源多采用直流开关稳压电源，不仅可以提供多路独立的电压供内部电路使用，还可以向外部提供 24 V 的直流电源，给输入单元所连接的外部开关或传感器供电。

一般对于整体式 PLC，电源部件封装在主机内部，对于模块式 PLC，电源部件一般采用单独的电源模块。

5. I/O 扩展端口

PLC 的 I/O 端口是十分重要的资源，扩展 I/O 端口是提高 PLC 控制系统经济性能指标的重要手段。当 PLC 主控单元的 I/O 点数不能满足用户的需求时，可以通过 I/O 扩展端口用扁平电缆将 I/O 扩展单元与主控单元相连，以增加 I/O 点数。大部分的 PLC 都有扩展端口。主机可以通过扩展端口连接 I/O 扩展单元来增加 I/O 点数，也可以通过扩展端口连接各种特殊功能单元以扩展 PLC 的功能。

6. 外设端口

PLC 可以通过外设端口与各种外部设备相连接。例如连接终端设备 PT 进行程序的设计、调试和系统监控；连接打印机可以打印用户程序、打印 PLC 运行过程中的状态、打印故障报警的种类和时间等；连接 EPROM 写入器，将调试好的用户程序写入 EPROM，以免被误改动等；有的 PLC 还可以通过外部设备端口与其他 PLC、上位机进行通信或加入各种网络。

7. 编程工具

编程工具是开发应用和检查维护 PLC 以及监控系统运行不可或缺的外部设备。利用编程工具可以将用户程序输入到 PLC 的存储器，还可以检查、修改、调试程序以及监视程序的运行。PLC 的编程工具有两种形式：一种是手持编程器，它由键盘、显示器和工作方式选择开关等组成，主要用于调试简单的程序、现场修改参数以及监视 PLC 自身的工作情况；另一种是利用上位计算机中的专业编程软件（如西门子 S7 - 300PLC 用的 STEP7 软件），它主要用于编写较大型的程序，并能够灵活地修改、下载、安装程序以及在线调试和监控程序。编程软件的应用更为广泛。

8. 智能单元

智能单元是 PLC 中的一个模块，它与 CPU 通过系统总线连接，并在 CPU 的协调管理下独立地进行工作。常用的智能单元包括高速计数器单元、A/D 单元、D/A 单元、位置控制单元、PID 控制单元、温度控制单元等。

2.3　PLC 编程环境和工作原理

2.3.1　PLC 编程环境

PLC 的编程环境是由 PLC 生产厂家设计的，它包含用户环境和能把用户环境与 PLC 系统连接起来的编程软件。只有熟悉了编程环境，了解了编程环境，才能适应编程环境，才能在编程环境中编写出 PLC 的用户程序。

用户环境包括用户数据结构、用户元件区、用户程序存储区、用户参数和文件存储区等。

1）用户数据结构

用户数据结构分为位数据、字节数据、字数据和混合型数据四类。

第一类为位数据，这是一类逻辑量（1 位二进制数），其值为 0 或 1，它表示触点的通或断。触点接通状态为 ON，触点断开状态为 OFF。例如，I0.0 的值表示在输入映像区中的一位二进制数的状态，Q0.0 的值则表示在输出映像区中的一位二进制数的状态。

第二类为字节数据，其位长为 8 位，其数制形式有多种形式。一个字节可以表示 8 位二进制数、两位十六进制数。例如，IB0 的值表示在输入映像区中的连续 8 位二进制数的状态，QB0 的值则表示在输出映像区中的连续 8 位二进制数的状态。

第三类为字数据，其数制、位长和形式都有很多。一个字可以表示 16 位二进制数、4 位十六进制数、4 位十进制数。十进制数据通常都用 BCD 码表示，书写时有时在前面加上 K 字符，例如 K789；十六进制数据书写时会在前面加上 H 字符，例如 H78F。二进制数书写时会在前面加上 B 字符，例如 B0111_1000_1111。实际处理时还可选用八进制和 ASCII 码的形式。再如 IW0 表示在输入映像区中的连续 16 位二进制数的状态，QW0 则表示在输出映像区中的连续 16 位二进制数的状态。由于对控制精度的要求越来越高,不少 PLC 开始采用了浮点数,这样便极大地提高了数据运算的精度。

第四类为混合型数据,即同一个元件既有位数据又有字数据,例如 T(定时器)和 C(计数器),它们的触点只有 ON 和 OFF 两种状态,是位数据,而它们的设定值和当前值寄存器又为字数据。

2)用户数据存储区

用户使用的每个输入/输出端以及内部的每一个存储单元都称为元件。各种元件都有其固定的存储区(例如输入/输出映像区),即存储地址。给 PLC 中的输入/输出元件赋予地址的过程叫做编址。不同的 PLC 输入/输出的编址方法不完全相同,如 CQM1 的输入端地址可以为 000,001,…通道;输出端地址为 100,101,…通道。

PLC 的内部资源,如内部继电器、定时器、计数器和数据区等,各个不同的 PLC 之间也有一些差异。这些内部资源都按一定的数据结构存放在用户数据存储区,正确使用用户数据存储区的资源才能编好用户程序。

3)用户程序结构

用户程序是 PLC 的使用者编制的针对具体工程的应用程序。用户程序是线性地存储在 PLC 的存储区间内,它的最大容量也是由具体的 PLC 限制的。

用户程序结构大致可以分为三种,一是线性程序,这种结构是把一个工程分成多个小的程序块,这些程序块被依次排放在一个主程序中;二是分块程序,这种结构是把一个工程中的各个程序块独立于主程序之外,工作时要由主程序一个一个有序地去调用;三是结构化程序,这种结构是把一个工程中的具有相同功能的程序写成通用功能程序块,工程中的各个程序块都可以随时调用这些通用功能程序块。

2.3.2　PLC 编程语言及编程软件

可编程控制器是通过程序来实现控制的,编写程序时所用的语言就是 PLC 的编程语言,PLC 编程语言有多种,它是用 PLC 的编程语言或某种 PLC 指令的助记符编制而成的。各个元件的助记符随 PLC 型号的不同而略有不同。国际电工委员会(IEC)1994 年 5 月公布的 IEC1131-3 标准(PLC 的编程语言标准,也是至今唯一的工业控制系统的编程语言标准)中详细地说明了句法、语义和下述五种编程语言:语句表(Statement List,STL)、梯形图(Ladder Diagram,LAD)、功能块图(Function Block Diagram,FBD)、结构文本(Structured Text,ST)、顺序功能图(Sequential Function Chart,SFC),其中梯形图和语句表编程语言在实际中用的最多,下面着重介绍这两种语言。

1. 梯形图(LAD)

梯形图(LAD)是最常用的 PLC 编程语言。梯形图与继电器的电路图很相似,它是从继电器控制系统原理图演变而来的,是一种类似于继电器控制线路图的语言。其画法是从左母线开始,经过触点和线圈,终止于右母线,具有直观、易学、易懂的优点,而且很容易被熟悉继电器控制的工厂电气技术人员所掌握。西门子 PLC 的梯形图具有以下几个特点:

(1)梯形图是一种图形语言,沿用继电器控制中的触点、线圈、串并联等专业术语和图形符号;

(2)梯形图中的触点有常开触点和常闭触点两种,触点可以是 PLC 输入点接的开关,

也可以是内部继电器的触点或内部寄存器、计数器的状态;

（3）触点可以串联或并联,但线圈只能并联,不能串联;

（4）触点和线圈等组成的独立电路称为网络(Network)或程序段;

（5）在程序段号的右边可以加上程序段的标题,在程序段号的下边可以加上注释;

（6）内部继电器、计数器、寄存器都不能直接控制外部负载,只能作为中间结果供 CPU 内部使用。图 2-4 为启保停电路的梯形图。

OB1: "Main Program Sweep (Cycle)"
程序段 1: 启保停电路

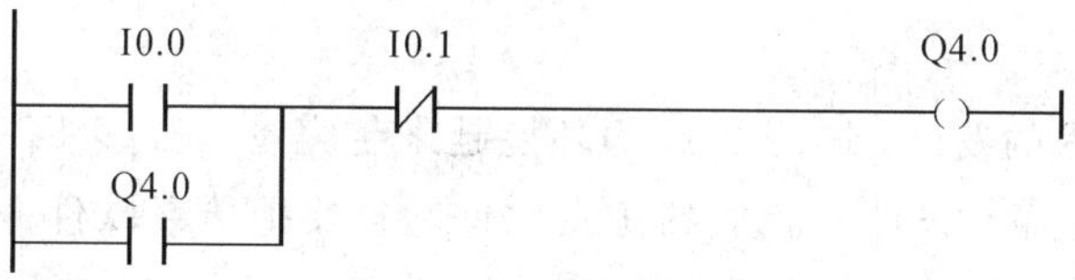

图 2-4　启保停电路梯形图

2. 语句表(STL)

语句表(STL)类似于计算机的汇编语言,但比汇编语言通俗易懂,是 PLC 的基本编程语言。它用助记符来表示各种指令的功能,指令语句是 PLC 程序的基本元素,多条语句组合起来就构成了语句表。在编程器的键盘上或利用编程软件的语句表格式都可以进行语句表编程。一般情况下语句表和梯形图是可以相互转换的,例如西门子 S7-300PLC 的 STEP7 编程软件在视图选项中就可以进行语句表和梯形图的相互转换。或者用快捷键 Ctrl+1/2

OB1: "Main Program Sweep (Cycle)"
程序段 1: 启保停电路

```
A(
O      I      0.0
O      Q      4.0
)
AN     I      0.1
=      Q      4.0
```

图 2-5　语句表

就可以实现语句表和梯形图的相互转换。要说明的是部分语句表是没有梯形图与之相对应的。启保停电路的梯形图所对应的语句表如图 2-5 所示。

3. 编程软件

编程器是 PLC 重要的编程设备,它不仅可以用来编写程序,还可以用来输入数据,以及检查和监控 PLC 的运行。一般情况下,编程器只在 PLC 编程和检查时使用,在 PLC 正式运行后往往把编程器卸掉。

随着计算机技术的发展,PLC 生产厂家越来越倾向于设计一些满足某些 PLC 的编程、监控和设计要求的编程软件,这类编程软件可以在专用的编程器上运行,也可以在普通的个人计算机上运行。这类编程软件利用了计算机的屏幕大,输入/输出信息量多的优势,使 PLC 的编程环境更加完美。在很多情况下,装有编程软件的计算机在 PLC 正式运行后还可以挂在系统上,作为 PLC 的监控设备使用,例如下列编程软件:

（1）OMRON 公司设计的 CX-P 编程软件可以为 OMRON C 系列 PLC 提供很好的编程环境。

（2）松下电工设计的 FPWin-GR 编程软件可以为 FP 系列 PLC 提供很好的编程环境和仿真。

（3）西门子公司设计的 STEP 7 Micro/WIN 32 编程软件可以为 S7 - 200 系列 PLC 提供编程环境。

（4）西门子公司设计的 SIMATIC Manager 编程软件可以为 S7 - 300/400 系列 PLC 提供编程环境。

编程软件在使用前一定要把其装入满足条件的计算机中，同时要用专用的通信电缆把计算机和 PLC 连接好，在确认通信无误的情况下才能运行编程软件。

在编程环境中，可以打开编程窗口、监控程序运行窗口、保存程序窗口和设定系统数据窗口，并进行相应的操作。

4．仿真软件

随着计算机技术的发展，PLC 的编程环境越来越完善。很多 PLC 生产厂家不仅设计了方便的编程软件，而且设计了相应的仿真软件。只要把仿真软件嵌入到编程软件当中，就可以在没有具体的 PLC 的情况下利用仿真软件直接运行和修改 PLC 程序，使 PLC 的学习、设计和调试更方便、快捷。西门子公司设计的 S7 - PLCSIM 仿真软件就是专门为 S7 - 300/400PLC 设计的仿真软件，S7 - 200SIM 是专门为 S7 - 200 PLC 设计的仿真软件，利用这些仿真软件可以直接运行 S7 - 200 和 S7 - 300/400 的 PLC 程序。

2.3.3　PLC 的工作原理

PLC 是一种工业控制用的计算机，它的外形不像个人计算机，工作方式也与计算机差别很大。编程语言甚至工作原理都与个人计算机有所不同。

PLC 上电后首先要对硬件和软件进行初始化，当其进入运行状态后，PLC 则采用循环扫描的方式工作。在 PLC 执行用户程序时，CPU 对程序采取自上而下，自左向右的顺序逐次进行扫描，即程序的执行是按语句排列的先后顺序进行的。每一次循环扫描所经历的时间称为一个扫描周期。每个扫描周期又主要包括输入刷新、用户程序执行、输出刷新三个阶段。当 PLC 初始化后，就会重复执行以上三个阶段。在运行到用户程序执行阶段时，还包括系统自诊断、通信处理、中断处理、立即 I/O 处理等过程。图 2 - 6 为 PLC 的循环扫描工作过程示意图。

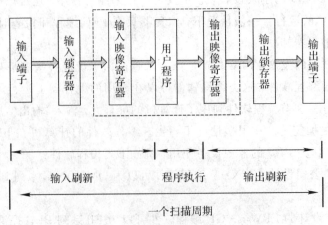

图 2 - 6　PLC 的循环扫描工作过程示意图

1. 输入刷新(采样)阶段

在输入刷新阶段，PLC 以扫描的方式顺序读入所有输入端子的状态，并将此状态存入输入锁存器。如果输入端子上外接电器的触点闭合，锁存器中与端子编号相同的那一位就置"1"，否则为"0"。把输入各端子的状态全部扫描完毕后，PLC 将输入锁存器的内容输入到输入映像寄存器中。输入映像寄存器中的内容则直接反映了各输入端子此刻的状态。这一过程就是输入刷新阶段。随着输入数据输入到输入映像寄存器，标志着输入刷新阶段的结束。所以输入映像寄存器中的内容只是本次输入刷新时各端子的状态。在输入刷新阶段结束后，PLC 接着进入执行用户程序阶段。在用户程序执行和输出刷新期间，输入端子与输入锁存器之间的联系被中断，在下一个扫描周期的输入刷新阶段到来之前，无论输入端子的状态如何变化，输入锁存器的内容都始终保持不变。

2. 用户程序执行阶段

输入刷新阶段结束后，PLC 进入用户程序执行阶段。在用户程序执行阶段，PLC 总是按照自上而下，自左向右的顺序依次执行用户程序的每条指令。从输入映像寄存器中读取输入端子和内部元件寄存器的状态，按照控制程序的要求进行逻辑运算和算术运算，并将运算的结果写入输出映像寄存器中，如果此时程序运行过程中需要读入某输出状态或中间状态，则会从输出映像寄存器中读入，然后进行逻辑运算，运算后的结果再存入输出映像寄存器中。对于每个元件，反映各输出元件状态的输出映像寄存器中所存储的内容会随着程序的执行而发生变化，当所有程序都执行完毕后，输出映像寄存器中的内容也就固定了下来。

3. 输出刷新阶段

当用户程序的所有指令都执行完后，PLC 就进入输出刷新阶段。输出刷新阶段将输出映像寄存器中的内容存入输出锁存器后，再驱动外部设备工作。与输入刷新阶段一样，PLC 对所有外部信号的输出是统一进行的。在用户程序执行阶段，如果输出映像寄存器的内容发生改变将不会影响外部设备的工作，直到输出刷新阶段将输出映像寄存器的内容集中送出，外部设备的状态才会发生相应的改变。

由 PLC 的工作过程可以看出，在输入刷新期间如果输入变量的状态发生变化，则在本次扫描过程中，改变的状态会被扫描到输入映像寄存器中，在 PLC 的输出端也会发生相应的变化。如果变量的状态变化不是发生在输入刷新阶段，则在本次扫描期间 PLC 的输出保持不变，等到下一次扫描后输出才会发生变化。即只有在输入刷新阶段，输入信号才被采集到输入映像寄存器中，其他时刻输入信号的变化不会影响输入映像寄存器中的内容。

由于 PLC 采用循环扫描的工作方式，并且对输入、输出信号只在每个扫描周期的 I/O 刷新阶段集中输入和集中输出，所以必然会产生输出信号相对输入信号的滞后现象。扫描周期越长，滞后现象就越严重。但是一般扫描周期只有十几毫秒，因此在慢速控制系统中，可以认为输入信号一旦发生变化就能立即进入输入映像寄存器中，其对应的输出信号也可以认为是会及时发生变化的。当某些设备需要输出对输入做出快速响应时，可以采取快速响应模块、高速计数模块以及中断处理等措施来尽量减少滞后时间。

2.4 PLC 产品概况及发展趋势

美国是 PLC 生产大国，在美国注册的 PLC 厂商已超过百家。其中著名的厂家有 A－B 公司、通用电气(GE)公司、莫迪康(MODICON)公司、德州仪器(TI)公司、西屋电气公司等。A－B 公司是美国最大的 PLC 制造商，其产品约占美国 PLC 市场份额的 50% 左右。

德国的西门子(SIEMENS)公司、AEG 以及法国的施耐德(TE)公司、瑞士的SELECTRON 公司等是欧洲著名的 PLC 制造商。西门子公司的产品以其优良的性能而久负盛名。其 S7 系列的主要产品有 S7－200(小型机)、S7－300(中型机)、S7－400(大型机)等。

日本的 PLC 生产厂家有 40 余家。其中以小型机最具代表性，如欧姆龙、三菱、松下、富士、日立、东芝等。在世界小型 PLC 市场中，日本的产品约占有 70% 的份额。在中国，欧姆龙(OMRON)的产品销量居于首位。

我国在 20 世纪 70 年代末 80 年代初期开始引进 PLC。目前我国自主生产的 PLC 主要有：中国科学院自动化研究所的 PLC－0088，上海机床电器厂的 CKY－40PLC，苏州电子计算机厂的 YZ－PC－001APLC，杭州机床电器厂的 DKK02，上海自立电子设备厂的 KKI 系列等。虽然我国在 PLC 的生产方面比较薄弱，但是在 PLC 的应用方面却是一个大国。近年来我国每年都约新投入 10 万台 PLC 产品，年销售额达到了 30 多亿人民币，另外 PLC 的应用范围也在逐渐扩大。

目前 PLC 已经广泛应用到石油、化工、机械、钢铁、交通、电力、采矿、环保等各个领域中，还包括从单机自动化到工厂自动化，从机器人、柔性制造系统到工业控制网络等等。从功能上看，PLC 的应用范围大致包括以下几个方面。

1. 开关量的逻辑控制

开关量逻辑控制是 PLC 最基本最广泛的应用领域，它取代了传统的继电器电路，实现逻辑控制。PLC 的逻辑控制既可以用于单机控制，也可以用于多机控制及自动化生产线检测。如机床、装配生产线、电镀流水线、运输与检测等方面。

2. 运动控制

通过利用 PLC 的单轴或多轴位置控制模块、高速计数模块等来控制步进电机或伺服电机，使运动部件以适当的速度实现平滑的直线运动或圆弧运动。PLC 的运动控制功能可以用于精密的金属切削机床、装配机械、成型机械、机器人等设备的控制。

3. 模拟量处理和 PID 控制

利用 PLC 的 A/D、D/A 转换模块和智能 PID 模块，可以实现对生产过程中的温度、压力、液位、流量等连续变化的模拟量进行闭环调节控制。

4. 数据处理

PLC 具有数据处理能力，可以完成算术运算、逻辑运算、数据比较、数据传送、数制转换、数据移位、数据显示和打印、数据通信等功能，还可以完成数据采集、分析和处理任务。数据处理一般应用于大型控制系统，如无人控制的柔性制造系统等。

5. 通信联网

PLC 具有通信功能，既可以对远程 I/O 进行控制，又能实现 PLC 与 PLC、PLC 与计算机之间的通信。PLC 与其他智能设备一起可以构成"集中管理，分散控制"的分布式控制系统，以满足计算机集成制造系统及智能化工厂发展的需要。

PLC 自问世以来经过近 50 年的发展，已经成为很多国家的重要产业。另外在国际市场中，PLC 已经成为最受欢迎的工业控制产品。随着科学技术的发展以及市场需求量的增加，PLC 的结构和功能也在不断的改进。生产厂家不停地将功能更强的 PLC 推入市场，平均 3 到 5 年就更新一次。PLC 的发展趋势主要有以下几个方面。

（1）向高速度、大容量方向发展。

为了提高 PLC 的处理能力，则要求 PLC 具有更高的响应速度和更大的存储容量。目前，有的 PLC 的扫描速度可以达到 0.1 ms/K 步左右。在存储容量方面，有的 PLC 最多可以达到几十兆字节。

（2）向超大型和超小型方向发展。

当今中小型 PLC 比较多，为了适应市场的需求，PLC 今后会向着多方向发展，特别是超大型机和超小型机两个方向。现在已经有 I/O 点数达到 14336 点的超大型 PLC，它使用 32 位微处理器，多 CPU 并行工作。小型机由整体式结构向小型模块化结构发展，使之配置更加灵活。为了适应市场的需求，现在已经开发出了超小型 PLC，其最小配置的 I/O 点数为 8～16 点，以适应单机及小型自动控制的需求。

（3）大力开发智能模块，加强联网通信能力。

为了满足各种控制系统的要求，近年来不断开发出许多功能模块，如高速计数模块、温度控制模块、远程 I/O 模块、通信和人机接口模块等等。这些智能模块既扩展了 PLC 的功能，又扩大了 PLC 的使用范围。加强 PLC 的联网通信能力是 PLC 技术进步的潮流。PLC 的联网通信分为两类：一类是 PLC 之间的联网通信，另一类是 PLC 与计算机之间的联网通信。

（4）加强故障检测与处理能力。

在 PLC 的控制系统故障中，由于 CPU、I/O 接口导致的故障约占 20% 左右，它可以通过 PLC 本身的软硬件来检测和处理。由输入输出设备和线路等外部设备导致的故障约占 80% 左右，所以，PLC 的厂家都致力于研制用于检测外部故障的专用智能模块，进一步提高系统的可靠性。

（5）编程语言的多样化。

在 PLC 系统结构不断发展的同时，PLC 的编程语言也越来越丰富，功能也不断提高。除了常用的梯形图、语句表语言之外，又出现了面向顺序控制的步进编程语言、面向过程控制的流程图语言、与计算机兼容的高级语言（C 语言、BASIC 语言）等。多种编程语言的并存、互补与发展是 PLC 进步的一种趋势。

2.5　PAC 自动化控制器

2.5.1　PAC 概念的提出

在 PLC 被开发出来的几十年里，PLC 的出现取代了原来的工厂继电器，一直占据着工业控制技术的主流地位。然而，工程师们只需利用数字 I/O 和少量的模拟 I/O 数以及简单的编程技巧就可开发出 80% 的工业应用。来自 ARC、联合开发公司（VDC）的专家估计：77% 的 PLC 被用于小型应用（低于 128 I/O）；72% 的 PLC I/O 是数字的；80% 的 PLC 应用可利用 20 条的梯形逻辑指令集来解决。

由于采用传统的工具可以解决 80% 的工业应用，这样就强烈地需要有低成本简单的 PLC；从而促进了低成本微型 PLC 的增长，它带有用梯形逻辑编程的数字 I/O。然而，这也在控制技术上造成了不连续性，一方面 80% 的应用需要使用简单的低成本控制器，而另一方面其他的 20% 的应用则超出了传统控制系统所能提供的功能。工程师在开发这些 20% 的应用时需要有更高的循环速率，高级控制算法，更多模拟功能以及能更好地和企业网络集成。

在 20 世纪 80、90 年代，那些要开发"20% 应用"的工程师们已考虑在工业控制中使用 PC。PC 所提供的软件功能可以执行高级任务，提供丰富的图形化编程和用户环境，并且 PC 的 COTS 部件使控制工程师能把不断发展的技术用于其他应用。这些技术包括浮点处理器，高速 I/O 总线（如 PCI 和以太网），固定数据存储器，图形化软件开发工具，而且 PC 还能提供无比的灵活性，高效的软件以及高级的低成本硬件。

然而，PC 还不是非常适合用于控制应用。尽管许多工程师在集成高级功能时使用 PC，这些功能包括模拟控制和仿真、连接数据库、网络功能以及和第三方设备通信，但是 PLC 仍然在控制领域中处于统治地位。基于 PC 控制的主要问题是标准 PC 并不是为严格的工业环境而设计的。PC 主要面临以下三大问题：

（1）稳定性。通常 PC 的通用操作系统不能提供用于控制足够的稳定性。安装基于 PC 控制的设备会迫使处理系统崩溃和未预料到的重启。

（2）可靠性。由于 PC 带有旋转的磁性硬盘和非工业性牢固的部件，如电源，这使得它更容易出现故障。

（3）不熟悉的编程环境。工厂操作人员需要具备在维护和排除故障时恢复系统的能力。使用梯形逻辑，他们可以手动迫使线圈恢复到理想状态，并能快速修补受影响的代码以快速恢复系统。然而，PC 系统需要操作人员学习新的更高级的工具。

尽管某些工程师采用具有坚固硬件和专门操作系统的专用工业计算机，但是由于 PC 可靠性方面的问题，绝大多数工程师还是避免在控制中使用 PC。此外，在 PC 中的用于各种自动化任务的设备，如 I/O、通信或运动可能需要不同的开发环境。

因此，那些要开发"20% 应用"的工程师们要么使用一个 PLC 无法轻松实现系统所需的功能，要么采用既包含 PLC 又包含 PC 的混合系统，他们利用 PLC 来执行代码的控制部分，用 PC 来实现更高级的功能。因而现在许多工厂车间使用 PLC 和 PC 相结合的系统，利用系统中的 PC 进行数据记录，连接条码扫描仪，在数据库中插入信息以及把数据发布到网上。采用这种方式建立系统的主要问题是该系统常常难以建立、排除故障和维护。系统工程师常常被要求结合来自多个厂商软硬件的工作所困扰，这是因为这些设备并不是为了能协同工作而设计的。

2001 年权威咨询机构 ARC Group 提出了可编程自动化控制器（Programmable Automation Controller，PAC）的概念，这种新的控制器是为解决"20%"的应用问题而设计的，它结合了 PLC 和 PC 两者的优点。PAC 是具有更高性能的工业控制器，兼具 PLC 的可靠性、坚固性和 PC 的开放性、自定义电路的灵活性。这些特性融入单机箱解决方案，用户因而能够以更快的速度和更低的成本实现工业系统自动化的设计。

PAC 诞生的目的是为工控系统添加更高的测量和控制性能，所以它不会取代现有的 PLC 系统。PAC 的概念定义为：控制引擎的集中，涵盖 PLC 用户的多种需要，以及制造业厂商对信息的需求。PAC 包括 PLC 的主要功能和扩大的控制能力，以及 PC - based 控制中基于对象的、开放数据格式和网络连接等功能。PAC 概念一经推出，即得到了行业内众多厂商的产品响应，包括 GE、NI、ROCKWELL、倍福、研华等在内的众多知名厂商纷纷推出各自的 PAC 控制器。目前 PAC 产品已经被应用到冶金、化工、纺织、轨道、建筑、水处理、电路与能源、食品饮料和机器制造等诸多行业中。

2.5.2　PAC 的特征

从外形上来看，PAC 与传统的 PLC 非常相似，但究其实质，PAC 系统的性能却广泛得多。PAC 作为一种多功能的控制平台，用户可以根据系统的需要，组合和搭配相关的技术和产品。与其相反，PLC 是一种基于专有架构的产品，仅仅具备了制造商认为必要的性能。

PAC 与 PLC 最根本的不同在于它们的基础不同。PLC 性能依赖于专用硬件，应用程序的执行是依靠专用硬件芯片实现的，因硬件的非通用性会导致系统的功能前景和开放性受到限制，由于是专用操作系统，其实时可靠性与功能都无法与通用实时操作系统相比，这样便导致了 PLC 整体性能的专用性和封闭性。

PAC 的性能是基于其轻便控制引擎，标准、通用、开放的实时操作系统，嵌入式硬件系统设计以及背板总线等实现的。

PLC 的用户应用程序执行是通过硬件实现的，而 PAC 设计了一个通用的、软件形式的控制引擎用于应用程序的执行，控制引擎位于实时操作系统与应用程序之间，这个控制引擎与硬件平台无关，可在不同平台的 PAC 系统间移植，因此对于用户来说，同样的应用程序不需修改即可下载到不同 PAC 硬件系统中，用户只需根据系统功能需求和投资预算选择不同性能 PAC 平台。这样，根据用户需求的迅速扩展和变化，用户系统和程序无需变化，即可无缝移植。

PAC 系统应该具备以下一些主要的特征和性能：

(1) 提供通用发展平台和单一数据库，以满足多领域自动化系统设计和集成的需求。

(2) 一个轻便的控制引擎，可以实现多领域的功能，包括逻辑控制、过程控制、运动控制和人机界面等。

(3) 允许用户根据系统实施的要求在同一平台上运行多个不同功能的应用程序，并根据控制系统的设计要求，在各程序间进行系统资源的分配。

(4) 采用开放的模块化的硬件架构以实现不同功能的自由组合与搭配，减少系统升级带来的开销。

(5) 支持 IEC - 61158 现场总线规范，可以实现基于现场总线的高度分散性的工厂自动化环境。

(6) 支持事实上的工业以太网标准，可以与工厂的 EMS、ERP 系统轻易集成。

(7) 使用既定的网络协议和程序语言标准来保障用户的投资及多供应商网络的数据交换。

2.5.3　GE PACSystems 系统

GE 智能平台推出扩展的高可用性自动化架构控制平台，PACSystems 带有高可用性的

PROFINET 系统，广泛应用在电力、交通、水和污水处理、矿业以及石油和天然气等行业，能够为用户提供先进完善的自动化解决方案。目前，GE 控制器硬件家族有两大类控制器：基于 VME 的 RX7i 和基于 PCI 的 RX3i，它们提供强大的 CPU 和高带宽背板总线，使得复杂的编程能简便快速地执行。图 2-7、图 2-8 分别为 PACSystems RX7i 和 PACSystems RX3i 的外形示意图。

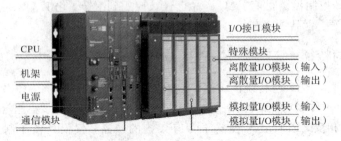

图 2-7　PACSystems RX7i 的外形示意图

图 2-8　PACSystems RX3i 的外形示意图

PACSystems 设备使用 Proficy Machine Edition（PME）软件进行编程和配置，实现人机界面、运动控制和执行逻辑的开发。Proficy Machine Edition 是一个高级的软件开发环境和机器层面的自动化维护环境。PME 软件的使用将在第 4 章进行详细介绍。

习　　题

2.1　简述 PLC 的定义。

2.2　PLC 的主要特点有哪些？

2.3　简述 PLC 的分类。

2.4　PLC 由哪些部分组成？各有什么作用？

2.5　PLC 的编程语言有几种？

2.6　简述 PLC 的工作原理。

2.7　简述 PLC 的应用以及发展趋势。

2.8　简述 PAC 和 PLC 的区别。

2.9　PAC 的特征是什么？

第 3 章　GE 智能平台硬件系统

前面主要介绍了可编程控制器的基本原理，本章主要介绍 GE 智能平台的硬件组成、CPU 模块、信号模块、特殊功能模块等内容。通过本章的学习，读者应该掌握 PAC 的硬件基本知识，为以后的深入学习打下基础。

3.1　PACSystems RX3i 硬件概述

PAC 是一种新型的可编程自动化控制器，它满足控制引擎集中、涵盖 PLC 用户的多种需要，以及制造业厂商对信息的需求。与 PLC 相比更具有开放的体系结构和优秀的互操作性、灵活性；与 PC 相比又具有更高的稳定性和更好的实时性，因此能更好地满足现代工业自动化的要求。PACSystem RX3i 控制器是创新的可编程自动化控制器，是 PACSystems 家族中新增加的部件，是中、高端过程和离散控制应用的新一代控制器，具有单一的控制引擎和通用的编程环境、应用程序在多种硬件平台上的可移植性，以及真正的各种控制选择的交叉渗透。RX3i 控制器功能强、速度快、扩展灵活，它具有紧凑的、无槽位限制的模块化结构，其系统构成如图 3-1 所示。PACSystems RX3i 主要组成部分有底板、电源模块、中央处理单元 CPU 模块、以太网通信模块、离散量 I/O(输入/输出)模块、模拟量 I/O(输入/输出)模块、功能模块及扩展模块等。

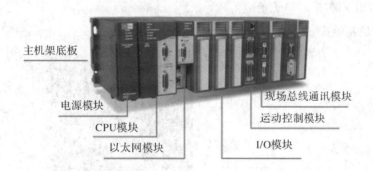

主机架底板

电源模块

CPU模块

以太网模块

现场总线通讯模块

运动控制模块

I/O模块

图 3-1　PACSystems RX3i 系统结构图

PAC 具有如下特性：

(1) 高速处理器，无信息瓶颈的快速吞吐率专利技术。

(2) 每个模块槽都有双背板总线支持(老的 90-30 背板总线和新的 PCI 总线)。

(3) 新推出的基于 PCI 高速吞吐率的先进的 I/O 模块。

(4) 串行背板总线支持使得已有系列 90-30 I/O 很容易移植到新系统中。

(5) 为高级编程准备的 Celeron (Pentium III) 300 MHz CPU 以及 10 MB 用户内存。

(6) 在控制器中有梯形逻辑文档内存和机器文档(Word、Excel、PDF、CAD 和其他未来发布的文件格式），减少停机时间，提高排除故障效率。

（7）支持开放式通信，包括以太网、Genius、Profibus、DeviceNet 和串行通信。

（8）支持高密度离散量 I/O、通用模拟量(TC、RTD、应变仪、每个通道的电压电流组态)I/O、隔离模拟量 I/O、高密度模拟量 I/O、高速计数器、运动控制模块。

（9）扩展 I/O 提供更广泛的特性，如快速处理、高级诊断机制和一系列可组态的中断。

（10）新模块和老的 90－30 模块都支持热插拔。

（11）针对 I/O 模块和接地棒的隔离 24VDC 接线端子，减少用户布线。

3.1.1 PACSystems RX3i 背板

RX3i 通用背板是双总线背板，既支持 PCI 总线(IC695)又支持串行总线(IC694)的 I/O 和可选智能模块。背板支持带电插拔功能，有 12 槽（IC695CHS012）和 16 槽（IC695CHS016)两种型号的通用背板，以满足用户的需要。PACSystems RX3i 12 槽背板外形图如图 3－2 所示。

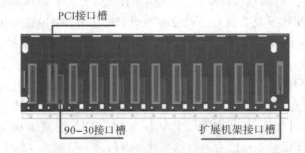

图 3－2　PACSystems RX3i 12 槽背板外形图

1. 通用背板 TB1 输入端子条

在背板的最左侧有 8 个端子，其功能如图 3－3 所示。

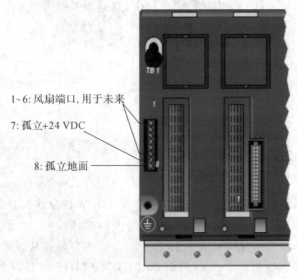

图 3－3　TB1 输入端子条

RX3i IC695 电源不提供隔离的＋24 V 输出至背板。端子 7/8 可用于连接一个任意的外部隔离的＋24 V 直流电源,用于某些 IC693 和 IC694 模块。

2. 0 插槽

背板最左端的插槽为 0 插槽,只能用于 IC695 电源模块(IC695 电源模块可以装在任何插槽内)。如果两个插槽宽的模块装在 1 插槽时盖住了 0 插槽,即 0 插槽被占用,硬件配置时,认为该模块装在 0 插槽。

3. 扩展插槽

最右端 12 插槽为扩展插槽,只能用于串行扩展模块 IC695LRE001。

4. 插槽 1～11(15)

插槽 1～11(15)可以安装 I/O 和其他功能模块。

在 PACSystems RX3i 系统中,一般情况下电源在 0 插槽,CPU 在 1～2 插槽,I/O 模块在 3～11 插槽,背板扩展模块在 12 插槽。

3.1.2　电源模块

PACSystems RX3i 的电源模块像 I/O 一样简单地插在背板上,并且能与任何标准型号的 RX3i CPU 协同工作,实现单机控制、故障安全检测和容错。RX3i 的电源模块的输入电压可以有 100～240 VAC、125 VDC、24 VDC 或 12 VDC 等备选,每个电源模块都具有自动电压适应功能,用户无需跳线选择不同的输入电压。电源模块具有限流功能,发生短路时,电源模块会自动关断来避免零件损坏。RX3i 的电源模块的型号如表 3-1 所示。

表 3-1　电源模块的型号

电 源 类 型	型　号
120/240 VAC, 125 VDC, 40 W 电源	IC695PSA040
24 VDC, 40 W 电源	IC695PSD040
120/240 VAC, 125 VDC, 串行扩展电源	IC694PWR321
120/240 VAC, 125 VDC, 高容量串行扩展电源	IC694PWR330
24 VDC, 大容量连续支持扩展电源	IC694PWR331

本教材案例中选用的是 IC695PSD040,该电源的输入电压范围是 18～39 VDC,提供 40 W 的输出功率。该电源提供以下三种输出:

① ＋5.1 VDC 输出。

② ＋24 VDC 继电器输出,可以应用在继电器输出模块上的电源电路中。

③ ＋3.3 VDC。这种输出只能在内部用于 IC695 产品编号 RX3i 模块中。

在 RX3i 的通用背板中只能用一个 IC695PSD040。该电源不能与其他 RX3i 的电源一起用于电源冗余模式或增加容量模式。IC695PSD040 电源外形如图 3-4 所示,在硬件配置中它占用一个槽位。ON/OFF 开关位于模块前面门的后面,开关控制电源模块的输出。它不能切断模块的输入电源。

当电源模块发生内部故障时将会有指示,CPU 可以检测到电源丢失,会记录相应的错误代码。该模块上 4 个 LED 灯指示该模块的工作状态,其具体意义如表 3-2 所示。

表 3 – 2　IC695PSD040 电源的 LED

指 示 灯	状　态	说　明
POWER	绿色	电源模块在给背板供电
	琥珀黄	电源已加到电源模块上，但是电源模块上的开关是关闭的
P/S FAULT	红色	电源模块存在故障并且不能给背板提供足够的电压
OVERTEMP	琥珀黄	电源模块接近或者超过了最高工作温度
OVERLOAD	琥珀黄	电源模块至少有一个输出接近或者超过最大输出功率

　　IC695PSD040 电源模块现场接线如图 3 – 5 所示。

图 3 – 4　IC695PSD040 电源外形

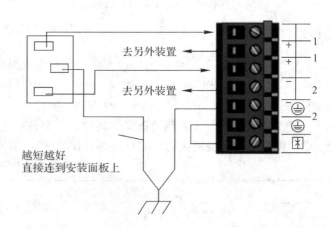

去另外装置

去另外装置

越短越好
直接连到安装面板上

图 3 – 5　现场接线

3.1.3　CPU 模块

　　PACSystems RX3i 高性能的 CPU 是基于最新技术的具有高速运算和高速数据吞吐的处理器，处理频率高达 300 MHz 以上，支持 32 K 输入、32 K 输出、32 K 模拟输入、32 K 模拟输出和最大达 5 MB 的数据存储。RX3i 支持多种 IEC 语言和 C 语言，使得用户编程更加灵活。RX3i 广泛的诊断机制和带电插拔能力增加了机器周期运行时间，减少了停机时间，用户能存储大量的数据，减少了外围硬件花费。RX3iCPU 外观如图 3 – 6 所示。

　　IC695CPU315 能够支持梯形逻辑、结构化文本、C 语言、功能块图等多种语言。用户逻辑内存 20 MB，按照 PCI 2.2 标准设计，支持 RX3i 和 90 – 30 串行背板；中央处理器速度为 1 GHz，具有浮点运算能力，每执行 1000 步运行时间为 0.07 ms；内置 RS232 和 RS485 两个串行通讯端口，支持 Modbus RTU slave、SNP、串行 I/O 等串口协议。

图 3 – 6　RX3iCPU 外观图

IC695CPU315 模块在底板上占用 2 个槽数。CPU 模块上有 8 个诊断用的 LED，分别显示：CPU OK、运行、输出允许、输入/输出强制、电池、系统故障、COM1 和 COM2 端口激活状态。CPU 模块面板上的 LED(发光二极管)的具体意义如表 3-3 所示。

表 3-3　IC695CPU315 的 LED 意义说明表

指 示 灯	状 态	说 明
CPU OK	ON	CPU 通过上电自诊断程序，并且功能正常
	OFF	CPU 有问题，允许输出指示灯和 RUN 指示灯能以错误代码模式闪烁，技术支持可据此查找问题
	闪烁	CPU 在启动模式，等待串口的固件更新信号
RUN	ON	CPU 在运行模式
	OFF	CPU 在停止模式
OUTPUTS ENABLED	ON	输出扫描使能
	OFF	输出扫描失效
I/O FORCE	ON	位变量被覆盖
BATTERY	ON	电池失效或未安装电池
	闪烁	电池电量过低
SYS FLT	ON	CPU 发生致命故障，在停止/故障状态
COM1　COM2	闪烁	端口信号可用

3.1.4　以太网接口模块

以太网通信模块为 IC695ETM001 模块，用来连接 PAC 系统 RX3i 控制器至以太网。RX3i 控制器通过它可以与其他 PAC 系统和 90 系列、Versa Max 控制器进行通信。以太网接口模块提供与其他 PLC、运行主机通信工具包(或编程器软件的主机)和运行 TCP/IP 版本编程软件的计算机连接。这些通信在一个 4 层 TCP/IP 上使用 GE SRTP 和 EGD 协议。

以太网接口模块有两个自适应的 10Base T/100Base TX RJ-45 屏蔽双绞线以太网端口，用来连接 10BaseT 或者 100BaseTX IEEE 802.3 网络中的任意一个。这个接口能够自动检测速度、双工模式(半双工或全双工)和与之连接的电缆(直行或者交叉)，而不需要外界的干涉。

以太网模块上有 7 个指示灯，如图 3-7 所示，简要说明如下：

(1) Ethernet OK 指示灯：指示该模块是否能执行正常工作。

(2) LAN OK 指示灯：指示是否连接以太网络。

(3) Log Empty 指示灯：在正常运行状态下指示灯呈"明亮"状态，如果有事件被记录，指示灯呈"熄灭"状态。

(4) 2 个以太网激活指示灯(LINK)：指示网络连接状况和激活状态。

图 3-7　以太网模块

（5）2 个以太网速度指示灯（100 MB/s）：指示网络数据传输速度（10 MB/s（熄灭）或者 100 MB/s（明亮））。

3.2 PACSystems RX3i 信号模块

3.2.1 PACSystems RX3i 数字量输入模块

数字量输入模块又称为开关量输入模块，用于采集现场过程的数字信号电平，并把它转换为 PLC 内部的信号电平。一般数字量输入模块连接外部的机械触点和电子数字式传感器。用于采集直流信号的模块称为直流输入模块，额定输入电压为直流 125 VDC、24 VDC、5/12 VDC；用于采集交流信号的模块称为交流输入模块，额定输入电压为交流 120 VAC、240 VAC、24 VAC。如果信号线不是很长，PLC 所处的物理环境较好，电磁干扰较轻，应考虑优先选用以 24 VDC 的直流输入模块。交流输入方式适合于在油雾、粉尘的恶劣环境下使用。数字量输入模块型号如表 3-4 所示。

表 3-4 数字量输入模块型号

数字量输入模块	型 号
20 VAC 输入 8 点 隔离	IC694MDL230
240 VAC 输入 8 点 隔离	IC694MDL231
120 VAC 输入 16 点	IC694MDL240
24 VAC/VDC 输入 16 点 正/负逻辑	IC694MDL241
125 VDC 输入 8 点 正/负逻辑	IC694MDL632
24 VDC 输入 8 点 正/负逻辑	IC694MDL634
24 VDC 输入 16 点 正/负逻辑	IC694MDL645
24 VDC 输入 16 点 正/负快速逻辑	IC694MDL646
5/12 VDC 输入（TTL）32 点 正/负逻辑	IC694MDL654
24 VDC 输入 32 点 正/负逻辑	IC694MDL655
24 VDC 输入 32 点 正/负逻辑 并需要高密度接线板（IC694TBB032 或 IC694TBS032）	IC694MDL660
输入模拟模块	IC694ACC300

数字量输入模块在底板上占用 1 个槽口，可以安装到 RX3i 系统的任何 I/O 槽中。

模块上的每个输入点的输入状态是用一个绿色的发光二极管来显示的，输入开关闭合即有输入电压时，二极管点亮。本教材案例中选用的是 IC694MDL660，该模块具有 24 VDC 正/负逻辑 32 点输入，需额外订购高密接线板 IC694TBB032 或 IC694TBS032，高密接线板 IC694TBB032 外形如图 3-8 所示。32 点分为四个隔离组，每组有八个点，并且有自己公共端的输入点。图 3-9 所示为 IC694MDL660 外形及端子连接图。

输入模拟器模块 IC694ACC300 可用来模拟 8 点或 16 点的开关量输入模块的操作状

态，其外形如图 3-10 所示。模拟输入器模块无需现场连接。输入模拟器模块可以用来代替实际的输入，同时用 LED 灯显示输入状态，直到程序或系统调试好。它也可以永久地安装到系统上，用于提供 8 点或 16 点条件输入接点来人工控制输出设备。在模拟输入模块安装之前，在模块的背后有一开关可以用来设置模拟输入点数(8 点或 16 点)。单独的绿色发光二极管表明每个开关所处的 ON/OFF 位置。这个模块可以安装到 RX3i 系统的任何 I/O 槽中。

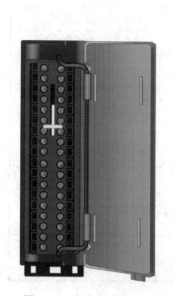

图 3-8　高密接线板
IC694TBB032

图 3-9　IC694MDL660 外形
及端子连接图

图 3-10　输入模拟器
模块外形图

3.2.2　PACSystems RX3i 数字量输出模块

数字量输出模块将 PLC 内部信号电平转换成外部过程所需的信号电平，同时具有隔离和功率放大的作用。该模块能连接继电器、电磁阀、接触器、小功率电动机、指示灯和电动机软启动等负载。

按负载回路使用的电源不同，数字量输出模块可以分为直流输出模块、交流输出模块和交直流两用输出模块。按输出开关器件的种类不同，它又可分为晶体管输出方式、晶闸管输出方式和继电器输出方式。

以上两种分类方式又有密不可分的关系。晶体管输出方式的模块只能带直流负载，属于直流输出模块；晶闸管输出方式的模块属于交流输出模块；继电器输出方式的模块属于交直流两用输出模块。从响应的速度上看，晶体管响应最快，继电器响应最慢；从安全隔离效果及应用灵活性角度看，继电器输出型的性能最好。

一般情况下，用户多采用继电器型的数字输出模块，而它的价格也相对高一些。继电器输出模块的额定负载电压范围较宽，输出直流电压最小是 DC24 V，最大可到 DC120 V；输出交流的范围是 AC48～230 V。

数字量输出模块有多种型号可供选择，常用的模块有 8 点晶体管输出、16 点晶体管输出、32 点晶体管输出、8 点可控硅输出、16 点可控硅输出和 8 点继电器输出和 16 点继电器输出。模块的每个输出点有一个绿色发光二极管显示输出状态，输出逻辑"1"时，二极管点亮。常见数字量输出模块型号如表 3-5 所示。

表 3-5　数字量输出模块型号

数 字 量 输 出 模 块	订货号
Output 120 VAC 0.5 A 12 点	IC694MDL310
Output 120/240 VAC 2 A 8 点	IC694MDL330
Output 120 VAC 0.5 A 16 点	IC694MDL340
Output 120/240 VAC 2 A 5 点 隔离	IC694MDL390
Output 12/24 VDC 0.5 A 8 点 正逻辑	IC694MDL732
Output 125 VDC 1 A 6 点隔离 正/负逻辑	IC694MDL734
Output 12/24 VDC 0.5 A 16 点 正逻辑	IC694MDL740
Output 12/24 VDC 0.5 A 16 点 负逻辑	IC694MDL741
Output 12/24 VDC 1 A 16 点 正逻辑 ESCP	IC694MDL742
Output 5/24 VDC (TTL)0.5 A 32 点负逻辑	IC694MDL752
Output 12/24 VDC 0.5 A 32 点正逻辑	IC694MDL753
Output 隔离 继电器 N.O. 4 A 8 点	IC694MDL930
Output 隔离 继电器 N.C. 和 Form C 3 A 8 点	IC694MDL931
Output 继电器 N.O. 2 A 16 点	IC694MDL940

典型交/直流电压输出模块型号及基本性能如表 3-6 所示。

表 3-6　典型交/直流电压输出模块型号及基本性能

型　号	IC694MDL330	IC694MDL742	IC694MDL754	IC694MDL940
产品名称	PACSystems RX3i 交流电压输出模块，120/240VAC	PACSystems RX3i 直流电压输出模块，12/24VDC 正逻辑，带 ESCP	PACSystems RX3i 直流电压输出模块，12/24 VDC，正逻辑，带 ESCP	PACSystems RX3i 交流/直流电压输出模块，继电器
电源类型	交 流	直 流	直 流	混 合
模块功能	输 出	输 出	输 出	输 出
输出电压范围	85～264 VAC	12～24 VDC	12～24 VDC	5～250VAC，5～30 VDC
点 数	8	16	32	16
隔 离	N/A	N/A		N/A
每点负载电流	最大 2 A	1.0 A	0.75 A	2 A
响应时间/ms	1 开 1/2 周期 关	2 开/2 关	0.5 开/0.5 关	15 开/15 关
输出类型	可控硅	晶体管	晶体管	继电器

续表

型　号	IC694MDL330	IC694MDL742	IC694MDL754	IC694MDL940
极性	N/A	正	正	N/A
共地点数	4	8	2	4
连接器类型	接线端子	接线端子	接线端子 IC694TBB032 或 IC694TBS032	接线端子
内部电源	160 mA @ 5 VDC	130 mA @ 5 VDC	300 mA @ 5 VDC	7 mA @ 5 VDC

注：① ESCP 是电子短路保护开关(Electronic Short Circuit Protection)；② 32 点输出模块需额外订购电缆用于该模块和外部负载连接。

　　本教材案例中选用的是 IC694MDL754，该模块为 12～24 VDC 直流电压输出模块，最大输出电流为 0.75 A，并带有电子短路保护开关 ESCP，提供两组（每组 16 个）共 32 个输出点。这种模块具有正逻辑特性，它向负载提供的源电流来自用户公共端或者正电源总线。输出装置连接在负电源总线和模块端子之间，负载可以是连接电动机的接触器、指示灯等，用户需提供现场操作装置的电源。图 3-11 所示为 IC694MDL754 外形及端子连接示意图。

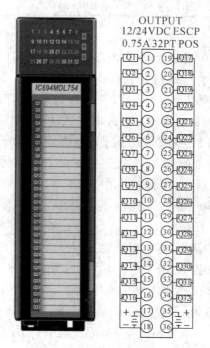

图 3-11　IC694MDL754 外形及端子连接示意图

3.2.3　PACSystems RX3i 模拟量输入模块

　　生产过程中存在大量的物理量，例如速度、旋转速度、pH 值、粘度、有功功率和无功功率等。有的是非电量，例如温度，压力、流量、液位、物体的成分。为了实现自动控制，这些模拟量信号需要被 PLC 处理。模拟量输入模块用于连接电压和电流传感器、热电偶、电阻器和电阻式温度计，将扩展过程中的模拟信号转换为 PAC 内部处理用的数字信号。一些模拟量模块输入是单端的或差分的。对于差分模拟输入，转换的数据是在电压 IN＋和 IN－之间的差值。差分输入对干扰和接地电流不太敏感。一对差分输入的双方都参照一个公共的电压(COM)。相对于 COM 的两个 IN 端的平均电压称为共模电压。不同的信号源有不同的模块电压,这种共模电压可能由电路接地位置的电位差或输入信号本身的性质引起。

为了参考浮空的信号和限制共模电压,COM 端必须在连接到输入信号源的任一边源侧。如果没有特别的设计考虑,总的共模电压参照 COM 端的线路上差分输入电压和干扰应限制在 $-11\sim+11$ V,否则会导致模块损坏。

PACSystems RX3i 模拟量输入模块目前有 4 通道、8 通道、16 通道等几种规格。输入类型可以是单端或差分。模拟量输入模块型号如表 3-7 所示。

表 3-7 模拟量输入模块型号

模 拟 量 输 入 模 块	订 货 号
模拟量输入模块,4 通道,电压型	IC694ALG220
模拟量输入模块,4 通道,电流型	IC694ALG221
模拟量输入模块,16/8 通道,电压型	IC694ALG222
模拟量输入模块,16 通道,电流型	IC694ALG223
通用模拟量输入模块,8 通道,电压,电流,电阻热电阻,热电偶	IC695ALG600

模拟量输入模块是 IC695ALG600,占用 1 个插槽,有 8 个模拟量输入通道和两个冷端温度补偿(CJC)通道,在 GEPAC 中占 16 个字内存地址,例如 AI1~AI16,每一个通道分配两个字地址。每一个通道的数据类型有 16 位整型和 32 位浮点型。如果是整型数据则每个通道占用它的前一个内存地址;如果是浮点型数据,则每个通道占用两个内存地址。该模块必须在RX3i 机架中,它不能工作在 IC693CHSxxx 或 IC694CHSxxx 扩展机架中。通过使用 Machine Edition 的软件,用户能在每个通道的基础上配置电压、热电偶、电流、RTD 和电阻输入。有30 多种类型的设备可以在每个通道的基础上进行配置。除了能提供灵活的配置,通用模拟量输入模块提供广泛的诊断机制,如断路、变化率、高、高/高、低、低/低、未到量程和超过量程的各种报警。每种报警都会产生对控制器的中断。输入信号可以是电流:$0\sim20$ mA、$4\sim20$ mA、±20 mA,也可以是电压:±50 mV、±150 mV、$0\sim5$ V、$1\sim5$ V、$0\sim10$ V、±10 V 等。此模块还集成了模拟量标度变换功能,可以将采集到的模拟量信号转换成对应的不同的数值输出。不同的通道可以分别进行不同的标量变换。

IC695ALG600 模块上的模拟量输入有 8 个通道,在使用中对每个通道单独配置,可根据实际情况将通道类型配置为:Voltage、Current、RTD、Resistance、Disabled 等。当将通道类型配置后,还需要进一步配置温度类型,温度类型有 B、C、E、J、N、R、S、T。温度类型和温度范围如表 3-8 所示。

表 3-8 温度类型和温度范围对应表

热电偶输入	Type B	300~1820 ℃	热电偶输入	Type N	−210~1300 ℃
	Type C	0~2315 ℃		Type R	0~1768 ℃
	Type E	−270~1000 ℃		Type S	0~1768 ℃
	Type J	−210~1200 ℃		Type T	−270~400 ℃
	Type K	−270~1372 ℃		Type N	−210~1300 ℃

　　IC695ALG600 模块上共有 36 个接线端子，其中端子号 1 和 2、35 和 36 分别为冷端温度补偿通道，其余 32 个端子（3～34）分为八组，按端子号和排列次序，每四个端子号为一组，每组即为一个输入通道。IC695ALG600 号称万能模块，其内部有 8 个通道，且每个通道都可以外接电流型传感器、电压型传感器、2 线型热电偶和热电阻传感器、3 线或 4 线型热电偶或热电阻传感器等。不同类型传感器与 IC695ALG600 连接时采用不同的接线方式和不同的接线端子。IC695ALG600 现场配线如表 3－9 所示。与各类传感器接线如图 3－12 所示。

表 3－9　IC695ALG600 现场配线表

端子号	RTD or Resistance	TC/Voltage/Current	端子号	RTD or Resistance	TC/Voltage/Current
1		CJC1 IN+	19	Channel 1 EXC+	
2		CJC1 IN−	20	Channel 1 IN+	Channel 1IN+
3	Channel 2 EXC+		21		Channel 1 iRTN
4	Channel 2 IN+	Channel 2 IN+	22	Channel 1 IN−	Channel 1 IN−
5		Channel 2iRTN	23	Channel 3 EXC+	
6	Channel 2 IN−	Channel 2 IN−	24	Channel 3 IN+	Channel 3 IN+
7	Channel 4 EXC+		25		Channel 3 iRTN
8	Channel 4 IN+	Channel 4 IN+	26	Channel 3 IN−	Channel 3 IN−
9		Channel 4iRTN	27	Channel 5 EXC+	
10	Channel 4 IN−	Channel 4 IN−	28	Channel 5 IN+	Channel 5 IN+
11	Channel 6 EXC+		29		Channel 5 iRTN
12	Channel 6 IN+	Channel 6 IN+	30	Channel 5 IN−	Channel 5 IN−
13		Channel 6iRTN	31	Channel 7 EXC+	
14	Channel 6 IN−	Channel 6 IN−	32	Channel 7 IN+	Channel 7 IN+
15	Channel 8 EXC+		33		Channel 7 iRTN
16	Channel 8 IN+	Channel 8 IN+	34	Channel 7 IN−	Channel 7 IN−
17		Channel 8iRTN	35		CJC2 IN+
18	Channel 8 IN−	Channel 8 IN−	36		CJC2 IN−

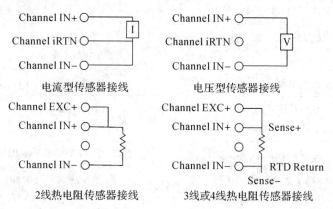

图 3－12　各类传感器接线方式

3.2.4 PACSystems RX3i 模拟量输出模块

模拟量输出模块提供易于使用的、用于控制过程的信号，例如流量、温度和压力控制等。常见模拟量 I/O 模块（输出）基本参数如表 3-10 所示。

表 3-10 模拟量输出模块基本参数

型　号	IC695ALG704	IC695ALG708
产品名称	PACSystems RX3i 模拟量输出，电流/电压，4 个通道	PACSystems RX3i 模拟量输出，电流/电压，8 个通道
模块类型	模拟量输出	模拟量输出
背板支持	仅限通用背板，使用 PCI 总线	仅限通用背板，使用 PCI 总线
模块在背板上占有的槽口数	1	1
诊断	高低报警、爬坡速率控制钳、过范围、欠范围	高低报警、爬坡速率控制钳、过范围、欠范围
范围	电流：0 至 20 mA，4 至 20 mA；电压：±10 V，0 至 10 V	电流：0 至 20 mA，4 至 20 mA；电压：±10 V，0 至 10 V
HART 支持	N/A	N/A
通道间隔离	N/A	N/A
通道数	4	8
更新速率	所有的通道均为 8 ms	所有的通道均为 8 ms
分辨率	±10 V：15.9 位； 0 至 10 V：14.9 位； 0 至 20 mA：15.9 位； 4 至 20 mA：15.6 位	±10 V：15.9 位； 0 至 10 V：14.9 位； 0 至 20 mA：15.9 位； 4 至 20 mA：15.6 位
精确度	25 ℃ 时精度在全量程的 0.15% 之内；60 ℃ 时精度在全量程的 0.30% 之内	25 ℃ 时精度在全量程的 0.15% 之内；60 ℃ 时精度在全量程的 0.30% 之内
最大输出负载	最大电流：850 Ω，20 V；最大电压：2 kΩ（最小阻抗）	最大电流：850 Ω，20 V；最大电压：2 kΩ（最小阻抗）
输出负载电容	最大电流：10 μH；最大电压：1 μF	最大电流：10 μH；最大电压：1 μF
外部电源要求	电压范围：19.2 V 至 30 V 所需电流：160 mA	电压范围：19.2 V 至 30 V 所需电流：315 mA
连接器类型	IC694TBB032 或 IC694TBS032	C694TBB032 或 IC694TBS032
使用的内部电源	375 mA，3.3 V（内部） 160 mA，24 V（外部）	375 mA，3.3 V（内部） 315 mA，24 V（外部）

IC695ALG708 为 8 点 AO 模块，具有 16 位分辨率，每点均可独立设置为－10 V、0～10 V、＋10 V 的电压输出通道，也可以独立设置为 4～20 mA、0～20 mA 的电流输出通道，输出信号可以选择为 16 位的整型量或 32 位的实型量，每点可设置工程单位浮点数输出，并可设置高低限报警及变化速率高低限报警。可选择单端/差分输入模式，可选择 8/12/16/40/200/500 Hz 滤波等。IC695ALG708 的外观如图 3－13 所示。模块上有 "MOUDLE OK" "FIELD STATUS" "TB" 三个 LED 指示灯，各灯不同状态的具体含义如表 3－11 所示。

图 3－13　IC695ALG708 的外观图

表 3－11　指示灯状态含义表

LED 灯	含　义
MODULE OK	绿灯常亮：模块正常并配置成功； 绿灯快闪：模块上电； 绿灯慢闪：模块正常但未配置； 绿灯熄灭：模块有错误或背板未上电
FIELD STATUS	绿灯常亮：任何使用的通道无障碍，端子排正常，外部电源正常； 琥珀色和 TB 绿灯：端子排、通道至少有一个有错误或无外部电源接入； 琥珀色和 TB 红灯：终端块没有完全分开，外部电源仍在检测中； 熄灭和 TB 红灯：未检测到外部电源
TB	绿灯：端子排已安装好； 红灯：端子排未安装或安装不到位； 熄灭：无背板电源

在决定相关通道是电压输出还是电流输出时，要在软件中对相关通道进行设置。在软件中，可单独将每个通道设置成 "Disable Voltage" "Disable Current" "Voltage Out" 三种类型，例如，在将通道 1 设置为电流型输出时，可在软件中将通道 1 的参数设置栏中的 "Range Type" 设置为 "Disable Current"，这时从端子号 20、21 中取出的信号即为电流信号。在工作中必须在外部为该模块提供 24 VDC 的电源。IC695ALG708 的端子配线如表3－12 所示。

表 3-12　IC695ALG708 的端子配线表

端子号	4 通道模式含义	8 通道模式含义	端子号	4 通道模式含义	8 通道模式含义
1	Channel 2 Voltage Out		19	Channel 1 Voltage Out	
2	Channel 2 Current Out		20	Channel 1 Current Out	
3	Common(COM)		21	Common(COM)	
4	Channel 4 Voltage Out		22	Channel 3 Voltage Out	
5	Channel 4 Current Out		23	Channel 3 Current Out	
6	Common(COM)		24	Common(COM)	
7	No Connection	Channel 6 Voltage Out	25	No Connection	Channel 5 Voltage Out
8	No Connection	Channel 6 Current Out	26	No Connection	Channel 5 Current Out
9	Common(COM)		27	Common(COM)	
10	No Connection	Channel 8 Voltage Out	28	No Connection	Channel 7 Voltage Out
11	No Connection	Channel 8 Current Out	29	No Connection	Channel 7 Current Out
12	Common(COM)		30	Common(COM)	
13	Common(COM)		31	Common(COM)	
14	Common(COM)		32	Common(COM)	
15	Common(COM)		33	Common(COM)	
16	Common(COM)		34	Common(COM)	
17	Common(COM)		35	Common(COM)	
18	Common(COM)		36	External ＋ Power Supply (＋24V IN)	

3.3　PAC 特殊功能模块

3.3.1　串行总线传输模块

　　RX3i 支持不同扩展，通过使用本地/远程扩展模块来优化系统配置，最多可以扩展到 8 个机架。串行总线传输模块提供 PAC 系统的 RX3i 通用背板（型号为 IC695）和串行扩展背板/远程背板（型号为 IC694 或者 IC693）的通信。它将通用背板的信号转换成串行扩展背板需要的信号。串行总线传输模块必须安装在通用背板右端的特殊的扩展连接器上。

　　串行总线传输模块 IC695LRE001 外观如图 3-14 所示。

　　两个绿色的 LED 表明了模块的运行状态以及扩展连接状态。当背板 5 V 电源加至该模块时，EXP OK LED 亮。当扩展模块与通用背板进行通信时，Expansion Active LED

亮。该模块不支持"热"插拔，在插拔之前必须断电。模块前端的连接器用于连接扩展电缆。在扩展背板带电的情况下，不允许插拔扩展电缆。

　　IC693CBL302 为带两个连接器的扩展电缆，内置终端电阻，可扩展一个背板，如图 3-15所示。

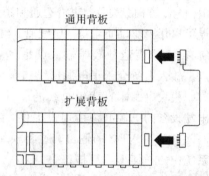

图 3-14　串行总线传输模块 IC695LRE001 外观　　　　图 3-15　IC693CBL302 扩展一个背板

　　若要扩展多个(最多 7 个)需选用带 3 个连接器的扩展电缆 IC693CBL300、IC693CBL301等，具体情况视距离而定。3 个连接器的扩展电缆没有终端电阻，在扩展系统的最后必须加入终端电阻器 IC693ACC307，如图 3-16 所示。

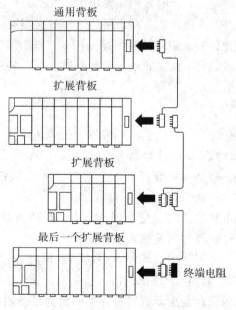

图 3-16　扩展多个背板

3.3.2 PAC 高速计数器模块

高速计数器模块 IC694APU300,同时也作为开关量混合模拟模块,提供直接处理高达 80 kHz 的脉冲信号。IC694APU300 模块不需要与 CPU 进行通信就可以检测输入信号,处理输入计数信息,控制输出。高速计数器使用 16 个字的输入寄存器。由 16 位开关量输入寄存器(%I)和 15 个字的模拟量输入寄存器(%AI)组成。这些输入在每个 CPU 扫描周期更新一次。高速计数器同时使用 16 位开关量输出寄存器(%Q),同样每个扫描周期更新一次。

当模块作为普通输入和输出模块使用时,其管脚的输入、输出配置和接线示意图如图 3-17 所示。

根据用户选择的计数器类型,输入端可以用作技术信号、方向、失效、边沿选通和预置的输入点。输出点可以用来驱动指示灯、螺线管、继电器和其他装置。所有 12 个高速计数器输入点是单端的正逻辑型输入点。输入设备介于正电源母线和模块输入端子之间。

模块电源来自背板总线的 +5 V 电压、输入和输出端设备的电源必须由用户提供,或者来自电源模块的隔离 +24 VDC 的输出。这种模块可以安装到 RX3i 系统中的任何 I/O 插槽。

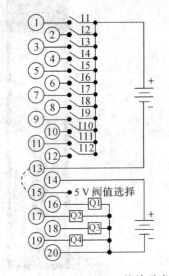

图 3-17 IC694APU300 接线示意图

模块也提供了选择输入信号阀值电压为 5 VDC 级或 10~30 VDC 级别的功能。可以通过在模块端子板上阈值电压选择端子 TSEL(端子 15)间连接跳线来选择 5 VDC 的阈值电压。如果阈值选择端子不安装跳线,则表明选了默认的 10~30 VDC 的输入电压范围。当选择 5 VDC 的输入范围(插脚 13 连到 15)时不要在模块输入端连接 10~30 VDC 的电压,否则将损坏模块。

进行模块配置时,应当先选择计数类型。可供选择的类型有:

类型 A——选择 4 通道同样、独立的简单计数器。

类型 B——选择 2 通道同样、独立的较复杂计数器。

类型 C——选择 1 通道复杂计数器。

1. 类型 A 配置

当使用本基本配置,模块有 4 路独立的可编程上升或下降 16-BIT 计数器。每个计数器都可配置为上升或下降计数. 每个计数器有三个输入:1 个预设输入、1 个脉冲数输入和一个选通脉冲输入。另外,每个计数器都有一个输出,并可事先选择控制输出的开闭点。类型 A 计数器的原理如图 3-18 所示。

预设输入一般完成各自计数器的复位功能,默认预设值被设为 0,可被设为计数器计数范围内的任意值。每个计数器的选通输入同样是检测信号沿的,可以配置为上升沿有效或者下降沿有效。当选通信号激活时,累加器中的当前值将被存入相关的选通寄存器中,同时会给 CPU 一个选通标志告诉 CPU 选通值已经存储。这个值将一直保留直到被新的选通值覆盖。选通输入一旦激活就会更新选通寄存器的值为最新的累加器值而不管当前选通寄存器标志的状态。选通输入一般使用 2.5 ms 的高频滤波器。预设输入和计数输入可以配置为都使用高频滤波器或 12.5 ms 的低频滤波器。累加器中的值可以被写入累加器修正值寄存器中修正。修正值可以是−128 到＋127 中间的任意值,修正值将被加到累加器中去。

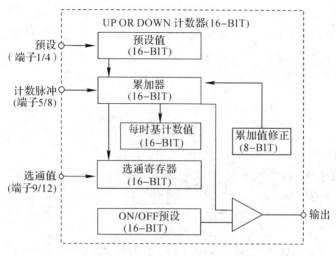

图 3 − 18　A 型计数器原理

2. 类型 B 配置

使用类型 B 配置时,模块具有两个独立的双向 32 − BIT 计数器,此时计数输入可被配置为 Up/Down、脉冲/方向或 AB 正交脉冲信号,按照计数类型 B 来配置的话,每个计数器都有完全独立的选通输入设置和选通寄存器。每个计数器同时具有两个输出,每个输出都可事先设定开闭点。也可以使输入无效暂停计数。类型 B 计数器原理如图 3 − 19 所示。

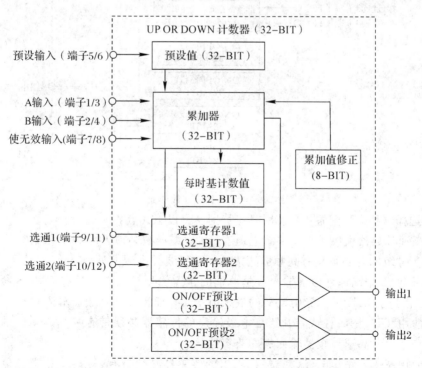

图 3 − 19　类型 B 计数器原理

3. 类型 C 配置

当使用类型 C 来配置时，模块有一个带有 4 个输出的一个 32 - BIT 计数器，每个输出都可事先设定开闭状态，有三个具有选通输入的选通寄存器，并可有两个预设输入。另外，模块具有原始位寄存器来记录对原始位值的累积量。两个双向计数器输入可以被联合起来用作差动处理。每个输入都可被配置为 A Quad B、Up/Down 或 Pulse/Direction 方式。类型 C 配置很适合应用在动作控制、差动计算或自引导能力控制。类型 C 计数器原理如图 3 - 20 所示。

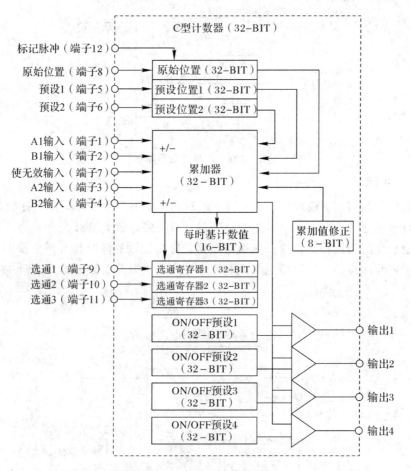

图 3 - 20　类型 C 计数器原理

无论选择哪种类型配置，在使用时应特别注意以下几点：

（1）高速计数器模块必须用屏蔽电缆连接，电缆屏蔽必须满足 IEC 61000 - 4 - 4 标准，在模块 6 英寸范围内必须具有高频屏蔽接地。电缆线长度最长是 30 m。

（2）所有 12 个高速计数器输入点是单端的正逻辑型输入点。带有 CMOS 缓冲器输出的传感器（相当于 74HC04）能用 5 V 的输入电压直接驱动高速计数器输入。

（3）使用 TTL 图腾柱或者开路集电极输出的传感器必须带有一个 470 Ω 的上拉电阻器（到 5 V）来保证高速计数器输入端的兼容性。

（4）使用高压开路集电极（漏型）型输出的传感器必须带有一个 1 kΩ 上拉电阻器到＋12 V，用于兼容高速计数器 10～30 V 的输入电压范围。

3.3.3　PAC 运动控制模块

DSM324i 通过极具抗噪干扰的光纤接口可以控制 4 轴的 βi，βHVi 或 αHVi 伺服系统。通过整合 GE Fanuc 的 PLC 和 HMI 以及伺服产品，DSM324i 为客户提供一个完整的解决方案。该模块集成度高，易于编程，开发周期短，可靠性高。在包装机械、传送带、龙门吊床、纺织机械、绕线机等行业均有应用。该模块可以安装到 RX3i 或 90 - 30CPU 通用背板、扩展背板和远程背板上。一个 PACSystems RX3i 最多可安装 32 个 DSM324i 模块，图 3 - 21 为 DSM324i 的外观图。

该模块共有 8 个指示灯，其中 4 个为模块的工作状态指示灯，另外 4 个为轴状态指示灯，其含义如表 3 - 13 所示。

图 3 - 21　DSM324i 外观图

表 3 - 13　DSM324i 模块指示灯状态说明

指 示 灯	状 态	说 明
STATUS	ON	模块正常
	低速闪烁(4 次/秒)	仅作错误状态指示
	快速闪烁(8 次/秒)	错误引起伺服停止
OK	ON	模块正常指示
	OFF	硬件或软件故障
CONFIG	ON	已接收到模板的配置
	和 STATUS 一起闪烁	正在启动并下载运动程序
	和 STATUS 交替闪烁	发生 Watch Dog 故障
FSSB	ON	FSSB 通信正常
	OFF	通信故障
	闪烁	正在设置
1, 2, 3, 4	ON	轴伺服驱动被使能

5 VDC 和 24 VDC 的 I/O 接口主要为运动控制模块 DSM324i 提供外部的零位开关信号、超程信号、通用输入信号、位置捕捉信号、辅助编码器信号、通用高速输入信号、模拟量输入以及 24 V 继电器输出信号、模拟量输出信号、5 V 电源输出等。其中 5 VDC 接口主要提供以下的 I/O 类型：

① 2 个 5 VDC 编码器电源；

② 2 个 ±10 V 的模拟输入或双 5 V 的差分输入（AIN1_P～AIN2_P）；

③ 8 路 5 V 差分/单端输入（IN3IN10）；

④ 4 路 5 V 单端输出（OUT1OUT4）；

⑤ 2 路 ±10 V 的单端模拟输出（VOUT_1VOUT_2）。

24 VDC 接口主要提供以下的 I/O 类型：

① 为每轴提供 3 路（共 12 个）24 VDC 光隔离输入（IN11IN22）；

② 为每轴提供一个 24 V 的光隔离的 125 mA 固态继电器输出（OUT5～OUT8）。

习　　题

3.1　RX3i CPU 有几种类型？

3.2　一个机架最多支持几个模块？

3.3　一个 RX3i 系统最多支持多少个扩展机架？

3.4　电源模块通常安装在哪个插槽？

3.5　CPU 模块通常安装在哪个插槽？

3.6　电源模块 IC695PSD040 是否支持热插拔？

3.7　一个 RX3i 系统最多能安装多少个 DSM324i 模块？

3.8　列出 Demo 箱上所有模块型号并了解各个模块的接线。

第 4 章　GE 智能平台编程软件 PME

GE PAC 编程采用通用的 Proficy Machine Edition(以下简称 PME)软件平台，它是一个适用于逻辑程序编写、人机界面开发、运动控制及控制应用的通用开发环境。本章主要介绍了 PME 软件的安装、项目建立、程序编写下载以及调试的方法，通过本章的学习，读者可以进行控制系统软件的应用开发，为控制系统的完整设计奠定软件基础。

4.1　PAC 编程软件概述

PME 是一个高级的软件开发环境和机器层面自动化维护环境，提供集成的编程环境和共同的开发平台。它能由一个编程人员实现人机界面、运动控制和执行逻辑的开发。PME 是一个包含若干软件产品的环境，其中每个软件产品都是独立的。但是，每个产品都是在相同的环境中运行的。

PME 提供一个统一的用户界面，全程拖放的编辑功能及支持项目需要的多目标组件的编辑功能。在同一个项目中，用户自行定义的变量在不同的目标组件中可以相互调用。PME 内部的所有组件和应用程序都共享一个单一的工作平台和工具箱。一个标准化的用户界面会减少学习时间，而且新应用程序的集成不包括对附加规范的学习。

PME 可以用来组态 PAC 控制器、远程 I/O 站、运动控制器以及人机界面等；可以创建 PAC 控制程序、运动控制程序、触摸屏操作界面等；可以在线修改相关运行程序和操作界面；还可以上传、下载工程，监视和调试程序等。PME 的组件包括以下几种：

（1）Proficy 人机界面组件。它是一个专门设计用于全范围的机器级别操作界面/HMI 应用的 HMI。

（2）Proficy 逻辑开发器——PC。PC 控制软件组合了易于使用的特点和快速应用开发的功能。

（3）Proficy 逻辑开发器——PLC。可对所有 GE Fanuc 的 PLC、PACSystems 控制器和远程 I/O 进行编程和配置。

（4）Proficy 运动控制开发器。可对所有 GE Fanuc 的 S2K 运动控制器进行编程和配置。

PME 软件启动后的组件如图 4-1 所示。

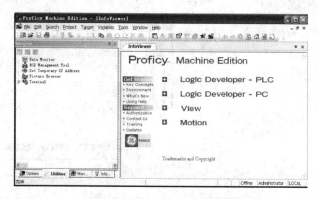

图 4-1　PME 软件启动后的组件显示

4.2 PAC 编程软件的安装

目前,PME 软件已经更新到 8.1 版本,现以 PME 7.0 为例介绍软件的安装过程。安装 PME 7.0 的计算机需要满足以下条件。

软件需要:操作系统需要满足下列之一,Windows® NT Version 4.0 with service pack 6.0 或更新;Windows 2000 Professional;Windows XP Professional;Windows ME;Windows 98 SE。

浏览器必须满足 Internet Explorer 5.5 with Service Pack 2 或更新。(在安装 Machine Edition 之前必须先安装 IE 5.5 SP2)

硬件需要满足下列条件:500 MHz 基于奔腾的计算机(建议主频 1 GHz 以上);128 MB RAM(建议 256 MB);支持 TCP/IP 网络协议计算机;150-750 MB 硬盘空间;200 MB 硬盘空间用于安装演示工程(可选)。另外需要一定的硬盘空间用于创建工程文件和临时文件。

建议安装在 Windows XP 操作系统下,不推荐 Windows 7 系统,具体操作步骤如下:

(1) 将 PME 安装光盘插入到电脑的光驱中或在安装源文件中找到  Setup.exe 图标,双击鼠标左键运行,系统弹出安装界面,如图 4-2 所示。

图 4-2 PME 安装界面

(2) 选择第一行"安装 Machine Edition",出现"选择安装程序的语言"对话框,从下拉选项中选择"中文(简体)"项并点击"确定"按钮,如图 4-3 所示。

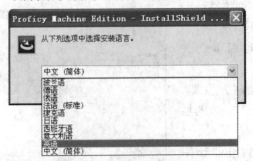

图 4-3 安装界面语言选择

(3) 安装程序将自动检测计算机配置,当检测无误后,安装程序将启动 InstallShield 配置专家,点击"下一步"按钮继续安装,如图 4-4 和图 4-5 所示。

图 4-4　启动配置专家　　　　　　　图 4-5　配置专家对话框

（4）安装程序将配置用户协议，在阅读完协议后依次点击"I 接受授权协议条款"和"下一步"按钮继续安装，如图 4-6 所示。

图 4-6　接受授权协议对话框

（5）安装程序将配置程序的安装路径及安装内容，点击"修改"按钮，出现"选择安装路径"对话框，软件默认的安装位置总是在 C 盘，这时需要注意 PME 不支持中文路径，不然会出现未知的编译错误，但是仍然建议用户尽量不要使用默认的安装位置，尽量不要将软件安装在 C 盘内，养成良好的习惯，如图 4-7 所示，单击"下一步"按钮继续安装。

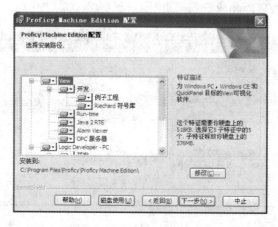

图 4-7　安装路径及内容对话框

（6）安装程序将准备安装，点击"安装"按钮继续安装，如图 4-8 所示。

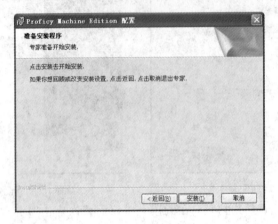

图 4-8　安装对话框

（7）安装程序将按照以上配置的路径进行安装，出现图 4-9 所示的安装进度提示窗口。经过漫长的等待后，对话框中提示 InstallShield 已经完成 PME 的安装，单击"完成"按钮，如图 4-10 所示。

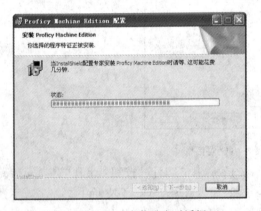

图 4-9　安装进度对话框

图 4-10　安装完成对话框

（8）安装程序将询问是否安装授权，点击"Yes"，添加授权文件；点击"No"，不添加授权文件。根据授权种类选择相应选项，如图 4-11 所示。

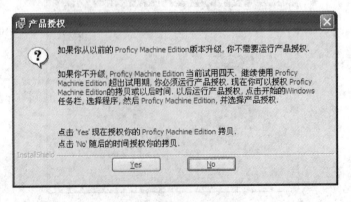

图 4-11　授权安装对话框

在图 4 - 11 中，单击"Yes"按钮，出现如图 4 - 12 所示的添加授权对话框，单击"Key Code"按钮程序弹出如图 4 - 13 所示的输入授权对话框，分别输入相应的序列号和激活码即可。重启电脑后，PME 的整个安装过程就完成了。

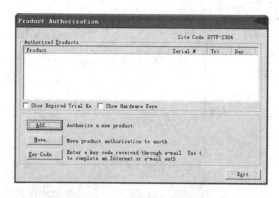

图 4 - 12　添加授权对话框

图 4 - 13　输入授权对话框

4.3　PAC 编程软件的使用

安装完 PME 软件后，在 Windows 开始菜单运行 PME，即"开始"→"所有程序"→"Proficy"→"Proficy Machine Edition"→" Proficy Machine Edition"或者将此可执行标志发送到桌面快捷方式，以后便可直接通过鼠标双击桌面上的 图标运行 PME 软件。

第一次运行 PME 时，将出现选择环境主题的界面。其中"环境主题"界面提供可选择的几种不同主题，不同主题确定不同的窗口布局、工具栏和其他设置使用的开发环境，如图 4 - 14 所示。可以根据目前的控制器种类，选择对应的开发环境工具，在本书中，控制器为 PAC，选择"Logic Developer PLC"，点击"OK"按钮即可。若想以后更改开发环境，可以通过选择"Windows→Apply Theme"菜单进行。当打开一个工程后进入的窗口界面和在开发环境选择窗口中所预览到的界面是完全一致的。

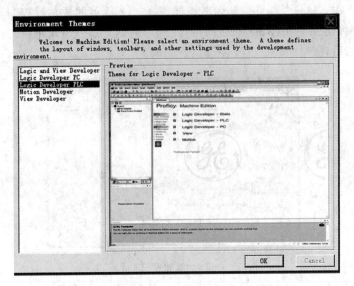

图 4-14　开发环境选择界面

当 PME 软件打开后，出现 PME 软件工程管理提示画面，如图 4-15 所示。相关功能已经在图中标出，可以根据实际情况做出适当选择。

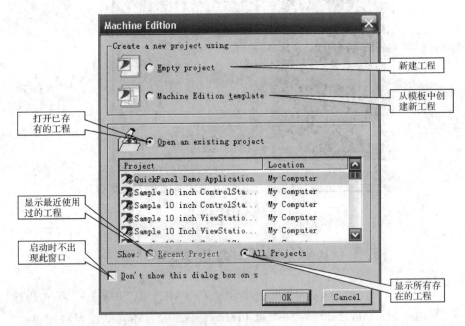

图 4-15　工程选择窗口

选择合适的选项来打开一个工程，打开已有的工程为系统缺省选择。

注意：

（1）如果选择了新建工程或者从模板中创建新工程，还需要通过新建工程对话框继续创建新工程进程。

（2）如果选择了打开已有的工程，就可以从下面的功能选项中选择：显示最近使用过的工程或显示所有存在的工程，最近使用过的工程为系统缺省选择。

（3）如果选择了打开已有的工程，那么就可以在下部的列表框中选择想要打开的工程。已有的工程中还包括了演示工程和教程，这样可以更快地帮助熟悉 Machine Edition。

（4）如果有必要，可以选择"启动时不出现此窗口"选项。

（5）点击"OK"，设置选择的工程就按照前面选定的 Machine Edition 开发环境打开了。

选择"Empty project"，点击"OK"建立一个空工程，程序会弹出如图 4 - 16 所示的新建工程对话框，在工程名处必须填写一个独一无二的名字，否则无法建立新工程，比如输入"机械手控制"，点击"OK"，就会成功进入 PME 的主界面，如图 4 - 17 所示。

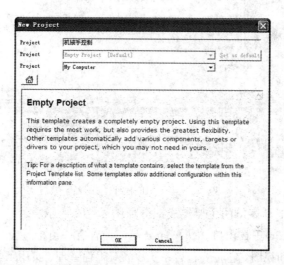

图 4 - 16　新建工程对话框

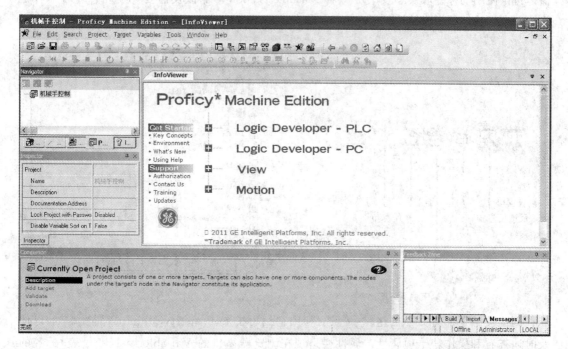

图 4 - 17　PME 主界面

下面简要介绍 PME 软件工作界面、常用工具等，如图 4-18 所示。

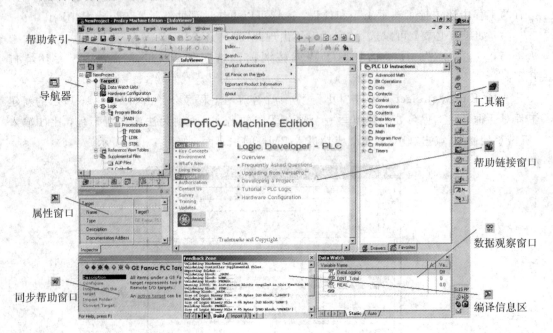

帮助索引

导航器

工具箱

帮助链接窗口

属性窗口

数据观察窗口

同步帮助窗口

编译信息区

图 4-18　PME 软件工作界面

（1）工具窗口。工具窗口的主要组成部分如图 4-19 所示。

（2）浏览（Navigator）工具窗口。Navigator 是一个含有一组标签窗口的停放工具视窗，它包含开发系统的信息和视图，它主要包含系统设置、工程管理、实用工具、变量表四种子工具窗。可供使用的标签取决于安装哪一种 Machine Edition 产品以及需要开发和管理哪一种工作。每个标签按照树形结构分层次地显示信息，类似于 Windows 资源管理器，如图 4-20 所示。

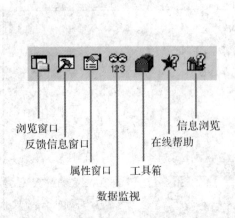

浏览窗口
反馈信息窗口

属性窗口

数据监视

工具箱

在线帮助

信息浏览

图 4-19　工具窗口

图 4-20　浏览（Navigator）工具窗口

浏览器的顶部有 3 个按钮□ □ □，利用它们可扩展 PropertyColumns（属性栏），以便及时地查看和操作若干项属性。属性栏呈现在浏览器窗口的 Variable List（变量表）标签的展开图中。通常在检查窗口中能同时查看和编辑一个选项的属性。浏览器的属性栏让你及时查看和修改几个选项的属性，浏览器的属性栏让你及时查看和修改几个选项的属性，与电子表格非常相似。通过浏览器窗口左上角的工具按钮，可以获得属性栏显示。在浏览窗口点击切换属性栏显示的打开和关闭时，属性栏呈现为表格形式。每个单元格显示一个特定变量的属性当前值。

（3）属性检查（Inspector）工具窗口。Inspector（属性窗口）列出已经选择的对象或组件的属性和当前设置。可以直接在属性窗口中编辑这些属性。如果选择几个对象，属性窗口将列出它们的公共属性，如图 4-21 所示。

Inspector		
Target		
Name	Target1	
Type	GE Fanuc PLC	
Description		
Documentation Address	f:\project1	
Family	PACSystems RX3i	
PLC Target Name	project1	
Update Rate [ms]	250	
Sweep Time [ms]	Offline	
PLC Status	Offline	
Scheduling Mode	Normal	
Force Compact PVT	True	
Enable Shared Variables	False	

Inspector

图 4-21　Inspector 窗口界面

属性窗口提供了对全部对象进行查看和设定属性的方便途径。为了打开属性窗口，执行以下各项中的操作：从工具菜单中选择 Inspector；点击工具栏的 ▣ ；从对象的快捷菜单中选择 Properties。属性窗口的左边栏显示已选择对象的属性，可以在右边栏中进行编辑和查看设置。显示红色的属性值是有效的。显示黄色的属性值在技术上是有效的，但是可能产生问题。

（4）在线帮助窗口（Companion）。Companion 为工程设计提供有用的提示和信息。当在线帮助打开时，它对 Machine Edition 环境中当前选择的任何对象都提供帮助。它们可能是浏览窗口中的一个对象或文件夹、某种编辑器（例如 Logic Developer - PC's 梯形图编辑器），或者甚至是当前选择的属性窗口中的属性，如图 4-22 所示。

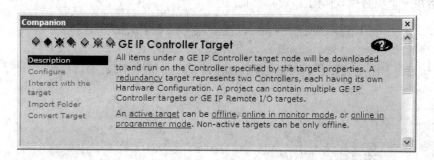

图 4-22　在线帮助窗口

在线帮助内容往往是简短和缩写的。如果需要更详细的信息，请点击在线窗口右上角

的 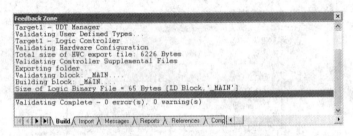 按钮，主要帮助系统的相关主题在信息浏览窗口中打开。

有些在线帮助在左边栏中包含主题或程序标题的列表，点击一个标题可以获得持续的简短描述。

（5）反馈信息工具窗口（Feedback Zone）。Feedback Zone 是一个用于显示由 Machine Edition 产品生成的几种类型输出信息的停放窗口。这种交互式的窗口使用类别标签去组织产生的输出信息。关于特定标签的更多信息，选中标签并按 F1 键。如果反馈信息窗口太小不能同时看到全部标签，可以使用工具窗口底部的按钮使它们卷动，如图 4 - 23 所示。

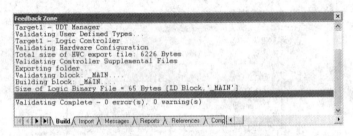

图 4 - 23　反馈信息工具窗口

反馈信息窗口标签中的输入支持一个或多个下列基本操作：

右键点击：当右键点击一个输入项，该项目就显示指令菜单。

双击：如果一个输入项支持双击操作，双击它将执行项目的默认操作。默认操作的例子包括打开一个编辑器和显示输入项的属性.

F1：如果输入项支持上下文相关的帮助主题，按 F1 键，在信息浏览窗口中显示有关输入项的帮助。

F4：如果输入项支持双击操作，按 F4 键，输入项循环通过反馈信息窗口，好像你双击了某一项。若要显示反馈信息窗口中以前的信息，按 Ctrl＋Shift＋F4 组合键。

选择：有些输入项被选中后更新其他工具窗口（属性窗口、在线帮助窗口或反馈信息窗口）。点击一个输入项，选中它，点击工具栏中的 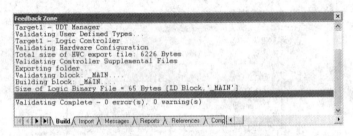，将反馈信息窗口中显示的全部信息复制到 Windows 中。

（6）数据监视工具窗（Data Watch）。Data Watch 窗口是一个调试工具，通过它可以监视变量的数值。当在线操作一个对象时它是一个很有用的工具。

使用数据监视工具可以监视单个变量或用户定义的变量表。监视列表可以被输入、输出或存储在一个项目中，如图 4 - 24 所示。

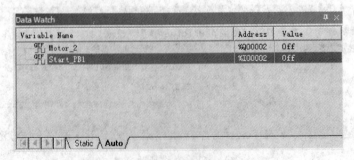

图 4 - 24　数据监视窗口

数据监视工具至少有两个标签：

Static Tab(静态标签)包含你自己添加到数据监视工具中的全部变量。

Auto Tab(自动标签)包含当前在变量表中选择的或与当前选择的梯形逻辑图中的指令相关变量，最多可以有 50 行。

Watch List Tab(监视表标签)包含当前选择的监视表中的全部变量。监视表让你创建和保存要监视的变量清单。程序可以定义一个或多个监视表。但是，数据监视工具在一个时刻只能监视一个监视表。

数据监视工具中变量的基准地址(也简称为地址)显示在 Address 栏中，一个地址最多具有 8 个字符(例如%AQ99999)。

数据监视工具中变量的数值显示在 Value 栏中。如果要在数据监视工具中添加变量之前改变数值的显示格式，可以使用数据监视属性对话框或右键点击变量。

数据监视属性对话框：若要配置数据监视工具的外部特性，右键点击它并选择 Data Watch Properties。

(7) 信息浏览工具窗口 InfoViewer。InfoViewer 是 Machine Edition 的帮助系统，是一个集成的显示引擎和 Web 网络浏览器。

信息浏览窗口有它自身的信息浏览工具栏，允许在帮助系统中移动查找。关于获得 Machine Edition 帮助系统的更多的寻找信息，参见帮助中的寻找信息。信息浏览工具窗口如图 4-25 所示。

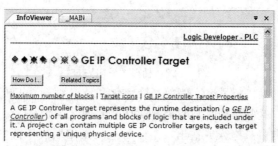

图 4-25　信息浏览窗口

(8) 工具箱窗口(Toolchest)。Toolchest(工具箱)是功能强大的设计蓝图仓库，可以把它添加到项目中去。可以把大多数项目从工具箱直接拖动到 Machine Edition 编辑器中。如图 4-26 所示。

一般而言，工具箱中储存有三种蓝图：

① 简单的或"基本"设计图，例如梯形逻辑指令、CFBS(用户功能块)、SFC(程序功能图)指令和查看脚本关键字。例如，简单的蓝图位于 Ladder、View Scripting 和 Motion 绘图抽屉中。

② 完整的图形查看画面，查看脚本、报警组、登录组和用户 Web 文件。可以把这一类蓝图拖动到浏览窗口的项目中去。

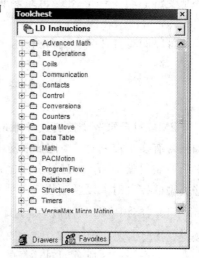

图 4-26　工具箱窗口

③ 项目使用的机器、设备和其他配件模型。包括梯形逻辑程序段和对象的图形表示，以及预先配置的动画。

存储在工具箱内的机器和设备模型被称作 fxClasses。fxClasses 可以用模块化方式来模拟过程，其中较小型的机器和设备能够组合成大型设备系统。详情请见工具箱 fxClasses。

如果需要一再地使用设置相同的 fxClasses，可能希望把这些 fxClasses 加入到经常用到的标签中。有关常用工具箱的更多信息，参见常用标签(Toolchest)。

有关在工具箱的 Drawers(绘图抽屉)标签中寻找项目的信息，参见 Navigating through the Toolchest(通过工具箱浏览)。

(9) Machine Edition 编辑器窗口。双击浏览窗口中的项目，即可开始操作编辑器窗口。Editor Windows 是实际上建立应用程序的工具窗口。编辑窗口的运行和外部特征取决于要执行的编辑的特点。例如，当编辑 HMI 脚本时，编辑窗口的格式就是一个完全的文本编辑器。当编辑梯形图逻辑时，编辑窗口就是显示梯形逻辑程序的梯级，如图4-27所示。

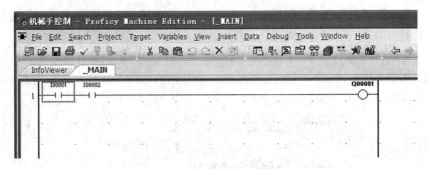

图 4-27　梯形图编辑窗口

可以像操作其他工具一样移动、停放、最小化和调整编辑窗口的大小。但是，某些编辑窗口不能直接关闭。这些编辑窗口只有当关闭项目时才会消失。

可以将对象从编辑窗口拖入或拖出，允许的拖放操作取决于确切的编辑器。例如，将一个变量拖动到梯形图逻辑编辑窗口中的一个输出线圈中，就是把该变量分配给这个线圈。

可以同时打开多个编辑窗口，可以用窗口菜单在窗口之间相互切换。

4.4　PME 工程建立

PME 对于每一个控制任务都是按照一个工程(Project)模式进行管理的。控制任务中如果含有多个控制对象，比如既有 PLC 又有人机界面(HMI)等，它们在一个工程中是作为多个控制对象(Target)进行分别管理的。因此创建一个工程，需要知道该工程主要包含哪些类型的控制对象以及工程中将要使用的 PLC 类型。在 PME 中建立工程的步骤如下：

(1) 启动 PME 软件后，通过 File 菜单，选择"New Project"，或点击 File 工具栏中 按键，就会出现如图4-28所示的新建工程对话框。

在如图4-28所示的对话框的第一行中输入工程名，比如"电机起保停控制"；在第二行中选择所使用的工程模板，这里选择控制器为"PACSystems RX3i"；对话框的下面给出

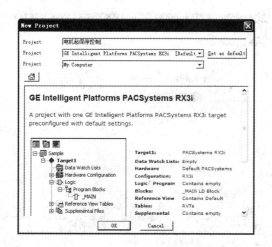

图 4-28　新建工程对话框

了所设置的工程的基本信息以及基本结构，最后点击"OK"，这样设置的工程就在 Machine Edition 的环境中被打开了。

（2）给工程添加对象，比如 PACSystems RX3i。右键单击工程名"电机起保停控制"，选择"Add Target"→"GE Intelligent Platforms Controller"→"PACSystems RX3i"，添加控制对象，如图 4-29 所示。工程中不同的对象都可以通过这种方法添加进来。

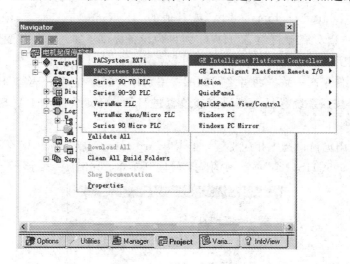

图 4-29　添加对象菜单

编辑一个已有的工程步骤：打开 工程浏览窗口，然后选择最下面的 Manager 标签。窗口中将显示工程列表，选择想打开的工程单击鼠标右键选择"Open"，这样工程就被装入 Machine Edition 中，并随时可以被编辑，如图 4-30 所示。

还可以将其他程序文件转换到 Machine Edition 中，具体步骤如下：

① 打开工程浏览窗口选择 Project 标签栏。

② 选择想使用的目标。

③ 右键单击这个目标，选择 Import，然后选择被转换工程的类型。

④ 在选择文件对话框中双击需要转换的文件。

图 4 - 30　工程管理编辑窗口

4.5　PME 硬件组态

PLC 逻辑开发器（Logic Developer - PLC）支持 6 个系列的 GE Fanuc 可编程控制器（PLC）和各种远程 I/O 接口，包括它们各自所属的各种 CPU、机架和模块。为了使用上述产品，必须通过 Logic Developer - PLC 或其他的 GE Fanuc 工具对 PLC 硬件进行组态。Logic Develope - PLC 的硬件组态（HWC）组件为设备提供了完整的硬件配置方法。

CPU 在上电时检查实际的模块和机架配置，并在运行过程中定期检查。实际的配置必须和程序中的硬件组态一致。两者之间的配置差别作为配置故障报告给 CPU 报警处理器。

硬件组态是按照系统背板上模块安装位置进行的，针对典型的 PACSystems RX3i 系统，硬件组态步骤如下：

（1）在工程浏览窗口选中相应工程，单击"Hardware Configuration"前面的"＋"号，再单击"Rack 0（IC695CHS012）"项前面的"＋"号展开菜单，如图 4 - 31 所示。

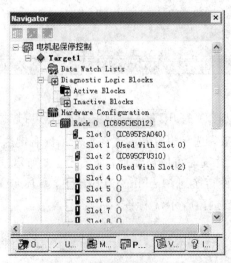

图 4 - 31　硬件配置

新建立的项目的硬件配置一般已包含一部分内容，如一个底板、一个交流电源及一个 CPU 等，对于 PACSystems RX3i 系统来说，由于各模块在底板上可以插入任何一个插槽，因此在进行硬件配置时需按实际情况对应配置。根据实际机架上的模块位置，右键单击各 Slot 项，选择"Replace Module"或"Add Module"，以增加或者替换模块。在弹出的模块目录对话框中选择相应的模块并添加。下面的硬件组态所选择的硬件是以 GE 公司提供的 Demo 实验箱中的硬件配置为依据。

当配置的模块有红色叉号提示符时，说明当前的模块配置不完全，需要对模块进行修改。双击已经添加在机架上的模块，对模块进行详细配置，可在右侧的详细参数编辑器中进行参数配置。

(2) 电源模块的配置（型号为 IC695PSD040）。系统默认的电源模块为 IC695PSA040，根据实际硬件配置，右键单击"Slot 0"项弹出菜单，单击"Replace Module"项，在弹出的"Catalog"对话框中，选中"IC695PSD040"，单击"OK"按钮即可实现电源模块的替换，如图 4 - 32 所示。

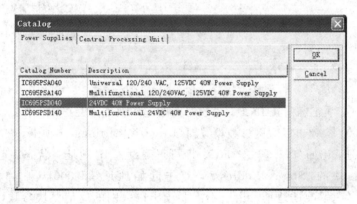

图 4 - 32 电源模块"Catalog"对话框

(3) CPU 模块的配置（型号为 IC695CPU315）。由于 CPU 模块安装在插槽 1 和插槽 2 上，系统默认其安装在插槽 2 和插槽 3 上，所以要移到 Slot 2 的信息到 Slot 1。具体移到方法是：选中 Slot 2，点击鼠标左键拖动 Slot 2 到 Slot 1 上方后松开。和电源模块更换方法一样，将系统默认的 IC695CPU310 更换为 IC695CPU315。双击 CPU Slot1 插槽或者右键单击选中 Configure，就会打开 CPU 参数设置框，如图 4 - 33 所示。在这里可以分别设置 CPU 常规、扫描设置、存储区域设置、错误指示设置、端口设置、扫描模块参数设置、电源使用说明等，一般可以采用 CPU 的默认值。

(0.1) IC695CPU315

| Settings | Scan | Memory | Faults | Port 1 | Port 2 | Scan Sets | Power Consumption |

Parameters	Values
Passwords	Enabled
Stop-Mode I/O Scanning	Disabled
Watchdog Timer (ms)	200
Logic/Configuration Power-up Source	Always RAM
Data Power-up Source	Always RAM
Run/Stop Switch	Enabled
Memory Protection Switch	Disabled
Power-up Mode	Last
Modbus Address Space Mapping Type	Disabled

图 4 - 33 CPU 模块参数设置对话框

（4）以太网模块（型号为 IC695ETM001）。为了通过以太网进行上位机和 PAC 之间的通信，必须给组态配置以太网模块。右键单击"Slot 3"，在弹出的菜单中选择"Add Module"项，在弹出的"Catalog"对话框中，选中"Communications"选项卡，选择模块"IC695ETM001"，如图 4-34 所示。

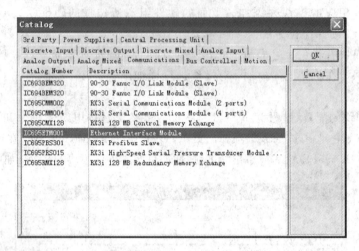

图 4-34　选择以太网模块对话框

以太网模块必须正确配置 IP 地址、状态字的起始地址才能正常工作。双击插槽中的模块"IC695ETM001"，弹出以太网参数设置窗口。选择"Settings"选项卡，在"IP Address"参数栏输入 IP 地址，比如"192.168.0.50"。即可正确设置 IP 地址。状态字起始地址的设置方法是：进入模块的"Status Address"，双击起始地址％I00001，在弹出的 Reference Address 窗口中输入需要的地址。由于不需要读出以太网的通信模块参数，可将起始地址避开常用的地址区域，比如设置为％I00089，如图 4-35 所示。

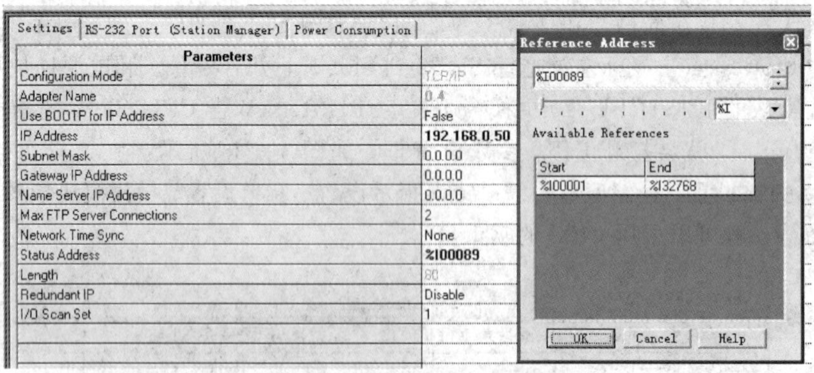

图 4-35　以太网模块参数设置对话框

（5）数字量输入模块的配置（型号为 IC694ACC300）。用同样的安装方法在 Slot 4 中添加 IC694ACC300 模块，如图 4-36 所示。

此模块需要配置起始偏移地址，双击此模块弹出参数编辑窗口，如图 4-37 所示。可将该模块的 Reference Address（I/O 口地址）设置为％I00001，即数字模拟输入模块的 Input1 的拨动开关在 CPU 中对应的地址为％I00001，Input2 的拨动开关在 CPU 中对应的地址为％I00002 等，共占用以％I00001 为起始的 16 个连续的存储区域。此处配置非常重要，它决定了程序编写中地址的正确使用。这些地址可以根据需要根据硬件系统自行规划修改。

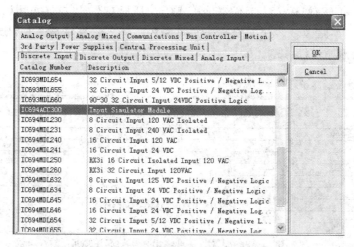

图 4-36　数字量输入模块配置对话框

图 4-37　配置数字量输入模块起始地址

（6）数字量输出模块的配置（型号为 IC694MDL754）。右键单击"Slot 5"，在弹出的菜单中选择"IC694MDL754"项，在弹出的"Catalog"对话框中，选中"Discrete Output"选项卡，选择模块"IC694MDL754"，如图 4-38 所示。

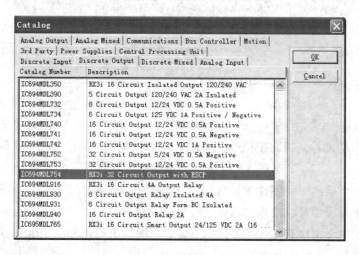

图 4-38　数字量输出模块配置对话框

此模块需要配置起始偏移地址，双击此模块弹出参数编辑窗口，如图 4-39 所示。可将该模块的 Reference Address(I/O 口地址)设置为％Q00001，即数字输出模块的第一个输出点在 CPU 中对应的地址为％Q00001，第二个输出点所对应的地址为％Q00002 等，由于数字量输出模块 IC694MDL754 带有 32 路的输出，所以在 CPU 中共占用以％Q00001 为起始的 32 个连续的存储区域。此处配置非常重要，它决定了程序编写中地址的正确使用。操作者可以根据需要自行修改。

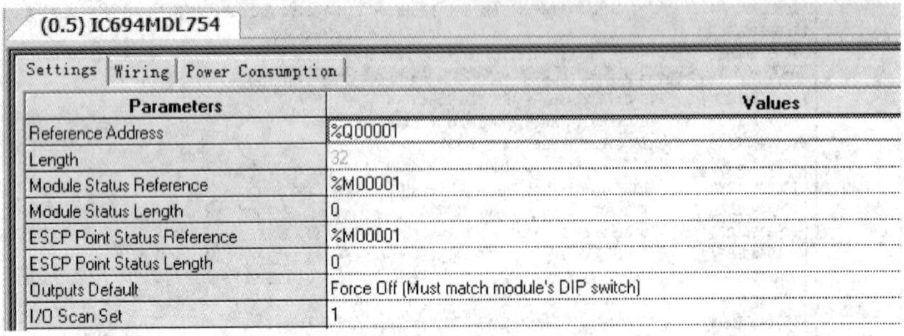

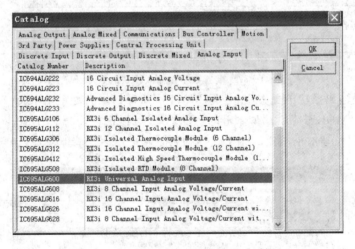

图 4-39　配置数字量输出模块的起始地址

(7) 模拟量输入模块的配置(型号为 IC695ALG600)。右键单击"Slot 6"，在弹出的菜单中选择"IC695ALG600"，在弹出的"Catalog"对话框中，选中"Analog Input"选项卡，选择模块"IC695ALG600"，如图 4-40 所示，单击"OK"按钮返回。

图 4-40　模拟量输入模块配置对话框

(8) 模拟量输出模块的配置(型号为 IC695ALG708)。右键单击"Slot 7"，在弹出的菜单中选择"IC695ALG708"项，在弹出的"Catalog"对话框中，选中"Analog Output"选项卡，选择模块"IC695ALG708"，如图 4-41 所示，单击"OK"按钮返回。

经过上面各个插槽中的硬件配置后，GE 标准 Demo 实验箱的硬件组态配置如图 4-42 所示。每个插槽的硬件可以根据实际的硬件系统自行选择组态。

硬件组态中如果模块有红色叉号提示符时，说明组态有问题。引起错误信息的原因大致有以下几种：

① 以太网模块 IP 地址没有正确设置。

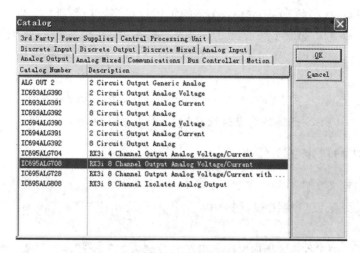

图 4 - 41　模拟量输出模块配置对话框

图 4 - 42　硬件组态配置完成

② 模块的存储区地址空间发生冲突。

③ CPU 设置的存储空间不能满足所有模块各存储空间分配。

④ 应用系统中暂时不用的模块，在硬件组态时可以不添加，如果添加必须配置正确。

4.6　PME 程序编写

PACSystems 支持多种编程语言，包括梯形图、语句表、C 语言、FBD 功能块图、用户定义功能块、ST 结构化文本等。通常较为常见的为梯形图编程语言。每个逻辑块和用户程序是 PLC 执行代码的一个部分，逻辑块可以放在程序块文件夹的用户自定义文件夹下，但 C 程序只能放在主逻辑文件夹下。

每个对象 Target 必须有一个"_MAIN"的主用户程序，除系列 90TM - 70 firmware 版本 6 以上 PLC 外，其余 GE Fanuc PLC 中，程序总是首先执行主程序"_MAIN"。除"_MAIN"块外，其他程序块可定义为时间中断或 I/O 中断，不同的 PLC 支持不同的中断类型。

注意：系列 90TM - 70 PLC firmware 版本 6 以上，LD 程序能自定义执行方式，也就是系列 90 TM - 70 PLC 不需要首先执行_MAIN LD 主程序块。

4.6.1 创建用户自定义文件夹

创建用户自定义文件夹的步骤如下：

（1）在工程浏览窗口的工程标签中，展开用户要组态对象 Target 中的逻辑文件夹 Logic文件夹。

（2）右击程序块文件夹，指向"New"并选择文件夹"Folder"，就生成一个新的用户定义的文件夹，如图 4 - 43 所示。

（3）可以输入文件夹名，文件夹名在程序文件夹中必须是唯一的。

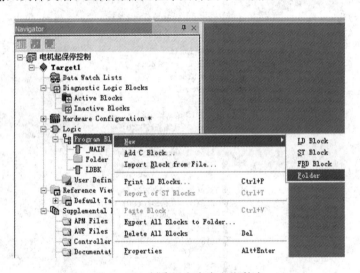

图 4 - 43　创建用户自定义文件夹

4.6.2 定义逻辑块执行方式

定义逻辑块执行方式的步骤如下：

（1）在工程浏览窗口的工程标签中，右击逻辑文件夹中已建立的 LD、C 或 IL 块，选择属性 Properties。逻辑块的属性显示在 Inspector 中，如图 4 - 44 所示。

（2）在逻辑块的属性窗 Inspector 中，点击时序 Scheduling 特性栏，选择 按钮，弹出逻辑块执行方式定义对话框，如图 4 - 45 所示，组态时序 Scheduling 特性栏中各列参数即可设定逻辑块的执行方式。

（3）在如图 4 - 44 所示的逻辑块的属性设置对话框中，还可以展开保护设置 Lock Settings 特性进行块的保护设置。可以选择密码保护并输入密码，这样能够防止别人打开程序并复制程序，从而进行知识产权的保护。

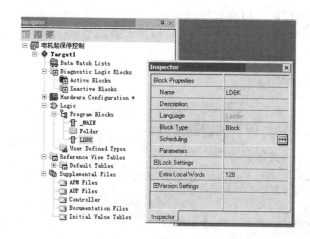

图 4 - 44　逻辑块属性设置对话框

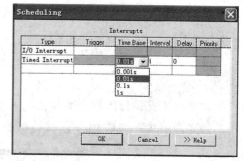

图 4 - 45　组态时序 Scheduling 对话框

4.6.3　梯形图编辑器(LD EDITOR)

梯形图 LD(Ladder Diagram)编辑器用于创建梯形图语言的程序。它以梯形逻辑图显示 PLC 程序执行过程。LD 的区段对应继电器的梯级(rung),一个指令和它的参数占有一个或几个区段。在 LD 编辑器中可离线编辑用户程序和在线监控,编辑用户程序。LD 编辑器的界面可以根据每个人的爱好而设定。

一个 LD 程序块编辑下载到 PLC 中运行,对于 GE　FANUC 的 PACSystems,支持的最大 LD 程序块数量为 512 个,包括 511 个子程序块和 1 个_MAIN 块,其中_Main 为主程序,其他子程序块必须在主程序中被调用,或通过中断方式被调用。子程序共有三种类型:无参数子程序块(Block)、带参数子程序(PSB)和功能块(Function Block)。

1. 自定义 LD 编辑器

可以根据个人编程喜好进行梯形图编辑器工作环境的设置,具体步骤如下:

(1) 在浏览窗口的可选项 Option 标签中,打开 Editors 文件夹,选择"Ladder"。

(2) 右击(Confirmations,Editing,Font and Colors,View)页面,选择属性"Properties",已组态的 LD 设置在属性窗 Inspector 中显示。

(3) 在属性窗 Inspector 中,按个人要求进行相关设置。

2. 创建 LD block

创建 LD block 的步骤如下:

(1) 在浏览窗口的工程标签中,打开用户要组态对象 Target 中的逻辑文件夹 Logic 文件夹,右击程序块,点击"New",选择"LD Block",创建一个新的 LD Block。

注意:如果新建一个对象 Target 或用模板建立对象 Target,缺省添加的第一个块是"_MAIN"主程序块,子程序缺省名为 LDBK1、LDKK2、…。

(2) 右键选中建立的程序块,在弹出的快捷菜单中可以重新定义块名。

3. 编辑 LD Block

在浏览窗口的工程标签中,双击 LD Block,就可以在 LD 编辑器中打开它。可以在编辑器中打开多个程序块，选择编辑器下部的按钮可切换程序块显示。将 LD 编辑器与 PLC 之间未建立实时通信的方式称为离线工作方式，一般用户程序开发都在离线方式下进行。这里重点以电机起保停控制梯形图来介绍如何进行程序的录入。

（1）找到梯形图指令工具栏，如图 4 - 46 所示。

图 4 - 46　梯形图指令工具栏

如果看不见梯形图指令工具栏，可以在主菜单的 Tools 下拉菜单中进行如图 4 - 47 所示的操作即可重新加载 PLC 开发的相关工具。

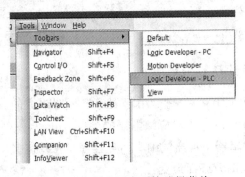

图 4 - 47　PLC 开发环境选择菜单

（2）使用梯形图工具栏，单击指令拖到编辑区即可。比如单击梯形图工具栏中的 ┨┠ 按钮，选择一个常开触点。

（3）在 LD 编辑器中，点击一个单元格，它将是新指令占有的左上角单元格，在 LD 逻辑中就会出现与被选择工具栏按钮相应的指令，如图 4 - 48 所示。单击 ▶ 指针工具按钮或者 Esc 键即可返回到常规编辑。

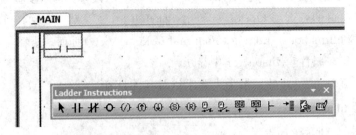

图 4 - 48　添加梯形图指令

（4）单击连线及其他指令完善梯形图，连线的方向取决于点击时鼠标指针光标线的方向，输入常开触点所对应的地址，双击此常开触点，输入地址。可以输入地址的全称 ％I00001，也可以采用倒装的方式简写为 1i，系统将会自动换算为 ％I00001，然后按回车键确认即可，如图 4 - 49 所示。

按照同样的方法输入其他梯形图指令的地址。完善后的电机起保停梯形图如图 4 - 50 所示。

（5）输入梯形图指令除了快捷工具栏之外，还可以单击工具栏中的"Toolchest"，选择相关的指令进行编程，如图 4 - 51 所示。

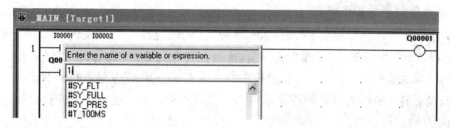

图 4 – 49　指令地址输入对话框

图 4 – 50　电机起保停梯形图

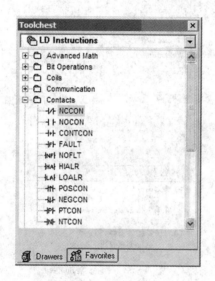

图 4 – 51　工具箱指令集

（6）还可以在 LD 编辑器中右击空区段，选择"Place Instruction"，将会弹出智能指令表，其中列出了所有可用的指令助记符，在其中选择一个指令，按回车键也可以输入相关的指令。

4.6.4　语句表编辑器(IL EDITOR)

Instruction List(IL)语句表是 IEC 61131 – 3 标准定义的程序语言。语句表类似于对微处理器编程的汇编语言，指令通过语句表程序使用 PLC 内存的累加器来执行。PLC 定义二种累加器：一个用于数字的模拟量累加器和八个用于离散逻辑的布尔量累加器，布尔量累加器支持 8 层布尔量表达式嵌套。IL 编辑器是一种应用标准规则的自由形式的编程器，其外观和功效是可以由用户自定义

注意：只有系列 90^{TM} – 30、VersaMax PLC 和 VersaMax Nano/Micro 支持 IL 功能，而 PACSystems RX3i 系统不支持语句表编程。

1. 组态累加器的操作步骤

(1) 在项目工程中添加一个 VersaMax PLC，在浏览窗口的工程标签中，右击程序块文件夹，选择属性"Properties"。属性窗 Inspector 被打开，显示累加器地址属性。

(2) 在布尔量起始特性中，为布尔量累加器输入 8 个 PLC 内存的起始地址。结束地址由系统自动计算，地址类型必须是%T、%M、%Q 中的一种，这些区域的资源简介详见第 5 章 PAC 存储区域一节。

(3) 在模拟量起始特性中，为模拟量累加器输入 PLC 内存的起始地址。结束地址由系统自动计算，地址类型必须是%R、%AI、%AQ 中的一种。

组态累加器如图 4-52 所示。

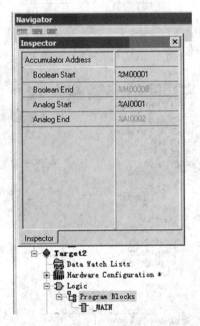

图 4-52　组态累加器

2. 创建并打开 IL 块的操作步骤

(1) 在浏览窗口的工程标签中，右击程序块文件夹，指向"New"，并选择"IL Block"。一个缺省名为"ILBKn"的 IL 块添加到文件夹中，这里 n 是一个唯一的数字，如图 4-53 所示。

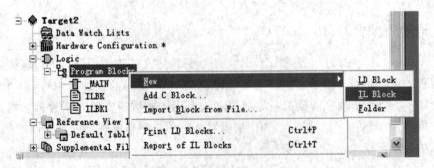

图 4-53　创建 IL 块菜单

（2）按用户需要修改文件名。

（3）右击建立命名的 IL 块，选择打开"Open"。在 IL 编辑器中显示打开的 IL 块。

注意：可以在 IL 编辑器中打开多个 IL 块供编辑，选择编辑器下部的按钮可切换 IL 块显示。

3. 在 IL 块中编辑程序的操作步骤

（1）在离线工作方式，IL 编辑器与 PLC 之间未建立通信，一般用户程序开发都在离线方式下进行。在 IL 编辑器中，右击选择插入关键词 Insert Keyword。弹出智能指令列表，列出所有可用的指令助记符。

（2）在指令列表中选择一个指令，按回车键。指令被插入编辑区的逻辑中，如图 4 - 54 所示。

（3）给指令分配参数。在 IL 编辑器中，右击选择插入变量 Insert Variable。弹出智能变量列表，显示所有已被定义的变量。键入或从变量列表中选择一个变量名或物理地址，按回车键。变量名出现在编辑区的逻辑中。

注意：如果输入一个物理地址或新变量，必须在变量表中创建此变量。

（4）由物理地址创建一个变量。在 IL 编辑器中，输入一个物理地址并右击鼠标，选择"Create name as"，然后选择数据类型。这样一个变量被创建，并给予一个缺省的名字。例如，如果物理地址是％M00003，自动创建的变量缺省名为 M00003，如图 4 - 55 所示。

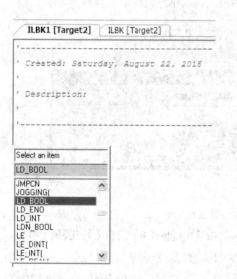

图 4 - 54　插入语句表指令　　　　　　　　图 4 - 55　创建变量菜单

（5）由名字创建一个变量。在 IL 编辑器中，右击一个名字，选择"Create name as"，然后选择数据类型，一个带有对应名字的变量被创建。

变量（有时被称为标签）是被命名的数据存储区，在工程中的所有变量都在变量浏览栏中被列出。每一个变量都会占用一个 PLC 的内存空间，所有的 PLC 系列（PACSystems RX7i 除外）必须为每一个变量指定内存地址（如％R00001）。在 PACSystems RX7i 中，不需要对变量指定内存地址，系统会把它看作一个符号变量，Machine Edition 会自动地分配这个变量到 PACSystems 中的特殊内存空间中，而其他属性如数据类型等则在属性窗口中进行配置。

由于创建的名字变量没有具体的物理地址相映射，因此必须映射变量到 PLC 内存空间中。在工程浏览窗口的变量标签栏中，右键点击变量并选择属性 Properties，进入变量的属性窗口，如图 4-56 和图 4-57 所示。

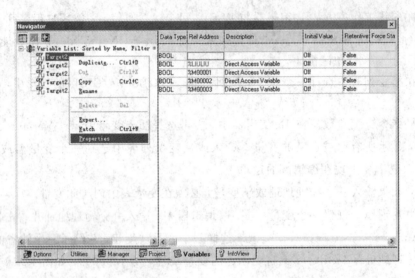

图 4-56　变量属性选择菜单

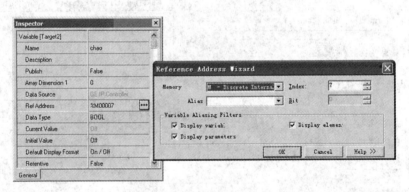

图 4-57　变量属性设置对话框

在图 4-57 中的 Ref Address 栏中输入 PLC 内存地址的方式有以下几种：

① 直接输入确定的地址，如％R00123 或 123R，那么％R00123 就被分配给这个变量。

② 仅输入地址的类型，如％R，PLC 将为它自动分配一个连续的并且未被其他变量所使用的地址。例如，如果在其他变量中分配的 PLC 地址最高使用到％R00122，那么输入％R就将对应地址％R00123。

③ 还可以在 Ref Address 栏中点击██按钮，进入地址分配向导，在内存变量选择列表中，选择你需要的 PLC 内存变量类型；在序号栏中，输入地址序号；选择对应位的序号。

当 PACSystems PLC 需定义一个数字量，它是对应于 16 位模拟量中某一位时，Bit Reference 选项才有效。

点击"OK"，变量的 PLC 内存地址就分配完成。

（6）移动和拷贝 IL 逻辑。在 IL 编辑器中，选择一段逻辑。如要移动，按住选择的逻辑，用鼠标拖曳到目标位置。如要拷贝，按住选择的逻辑和 Ctrl 键，用鼠标拖曳到目标位置。当放开鼠标键时，要移动和拷贝的逻辑就放在新的位置。

（7）插入一行注释。在 IL 编辑器中，单击要插入行注释的地方，先键入单引号（'），再输入注释文本，回车结束输入。

（8）插入块注释。在 IL 编辑器中，单击要插入块注释的地方，先键入（＊，再输入注释文本。块注释可包含任何数字，并可跨行输入。最后键入 ＊），完成块注释。

（9）重新布置 IL 语句。在 IL 编辑器中，右击并选择 Beautify Source。IL 编辑器中文本按缺省（缩排）的方式重新布置。

4.7　PME 通信建立与程序下载

PAC 参数、程序在 PME 环境中编写完成，需要写入到 PAC 的内存中。也可以将 PAC 内存中原有的参数、程序读取出来供阅读修改，这就需要用到上传/下载功能。PME 与 PAC 之间可采用串口通信或者以太网通信两种方式，RX3i 的 PLC、PC 和 HMI 之间是采用工业以太网通信的，在首次使用、更换工程或丢失配置信息后，以太网通信模块的配置信息需重设，即设置临时 IP 地址，并将此 IP 地址写入 RX3i，供临时通信使用。然后可通过写入硬件配置信息的方法设置"永久"IP 地址，在 RX3i 保护电池未失效，或将硬件配置信息写入 RX3i 的 Flash 后，断电也可保留硬件配置信息，包括设置的"永久"IP 地址信息。

采用以太网方式比较方便，这里主要介绍以太网通信方式的建立，连接主要分为设定本机 IP 地址、设定临时 IP 地址、设置工程中 Target 的属性、下载并运行程序这四个步骤。具体的步骤如下：

（1）建立运行 PME 软件的 PC 机和 PAC 之间的网络硬件连接，即用网线连接 PC 机的网卡接口和 PAC 的以太网通信模块 IC695ETM001 的网口，同时保证都处于开机运行状态。如果 IC695ETM001 模块网线插口上的 LINK 指示灯亮，表面网线电路连通。

（2）配置 PC 机网卡的 IP 地址，如图 4-58 所示。PC 机对应网卡的 IP 地址与 PAC 以太网通信模块的地址必须处于同一网段内但不能相同，以防止 IP 地址冲突。比如 PC 机 IP 地址设为"192.168.0.55"，则可以将 PAC 以太网 IP 地址设为"192.168.0.50"。

（3）将 PAC 中 CPU 模块上的模式选择开关置于"STOP"位置。

（4）在 PME 软件 Navigator 组件选项卡上单击下面的第二个 ✎ Utilities 图标，打开后双击"Set Temporary IP Address"，如图 4-59

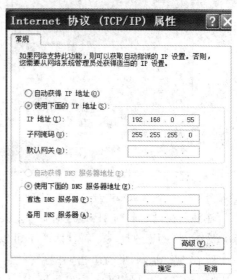

图 4-58　配置 PC 机的 IP 地址

所示。

（5）在系统弹出的设定临时 IP 地址对话框中，把以太网通信模块 IC695ETM001 上的
MAC 地址编号（共 12 位号码，在模块表面即可看到）输入到"MAC Address"地址框中，并
在"Enter IP address using"框中输入 RX3i 系统配置的 IP 地址，比如"192.168.0.50"，这
个地址一定要和在硬件组态中对以太网模块属性设置中的地址一致，即图 4-35 中出现的
IP 地址。以上区域都正确配置之后，单击"Set IP"按钮进行设置，完成这个过程需要等待
30～45s，如图 4-60、图 4-61 所示。

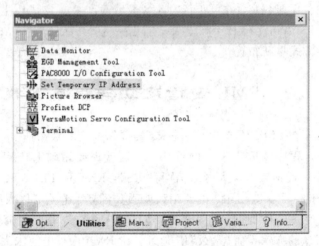

图 4-59　调用设定 IP 地址工具

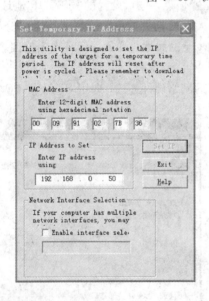

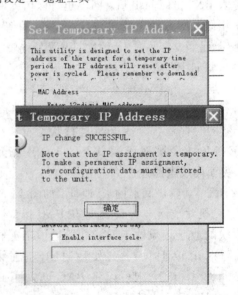

图 4-60　设置 RX3i 控制器的临时 IP 地址　　　　图 4-61　临时 IP 地址设置成功

注意：在设定临时 IP 地址时，一定要分清 PAC、PC 机和触摸屏三者间的 IP 地址的关
系，要在同一 IP 地址段，而且两两不可以重复。

可在 Windows 桌面单击"开始"→"运行"，打开"运行"对话框，在其中输入"cmd"命令，
单击"确定"按钮，在 DOS 操作界面中，输入"192.168.0.50"按回车键即可进行网络检查。

(6) 网络连接成功后，即可进行程序下载。单击工具栏中的 ✓ 图标编译程序，进行信息校对和代码编译，检查当前标签内容是否有语法错误，检查无误，如图 4 - 62 所示。

(7) 在 Navigator 浏览器窗口下选中 Target1，单击鼠标右键，在下拉菜单中选择 Properties，在出现的 Inspector 对话框中，设置通信模式，在 Physical Port 中设置成 ETH-ERNET，在"IP Address"选项卡中输入前面步骤中设定的 PAC 的 IP 地址"192.168.0.50"，如图 4 - 63 所示。

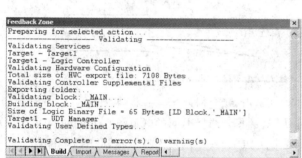

图 4 - 62　程序编译结果　　　　　　　图 4 - 63　设置通信参数

(8) 单击工具栏上的 ⚡ 图标，PC 机与 RX3i 建立通信，如果设置正确，连接成功后则在状态栏监视窗口显示 Connect to Device，表明两者已经连接上，同时工具栏上 ✋ 图标也由灰色变为绿色。如果不能完成软硬件之间的连接，则应查明原因，重新进行设置重新连接。

(9) 连接成功后系统默认 PME 软件为离线监控模式，PME 软件窗口右下角会给出提示信息，监控模式可以观察 PAC 运行状态和运算数据，但是不可以修改。再次单击工具栏上 ✋ 图标，就可以切换到在线编程模式，编程模式可以修改数据。PAC 运行期间只能运行一台 PC 机对其进行在线编程，但可以同时接受多台 PC 机对其监控，如图 4 - 64 所示。

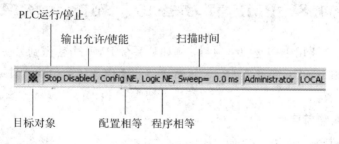

图 4 - 64　模式提示信息说明

注意：当 PLC 在线时，在浏览窗口的工程标签中的对象 Target 图标会显示成：◆ 表示相等，✳ 表示不等，◆ 表示错误停止，通过这些可以知道当前程序以及控制器的状态。

（10）上传程序，将 PAC 内的数据读到 PME 中。在浏览窗口的工程标签中，右击想要上载的对象 Target，在下拉菜单中选择"Upload from Controller…"，在出现的对话中选择希望从 PAC 中上载的内容，单击"OK"按钮即可。

（11）下载程序，将 PME 中的数据下载到 PAC 中之前，将 CPU 模块上的状态开关拨到"STOP"位或单击停止图标，使 CPU 处于"STOP"模式。点击工具栏上 图标，设定 PAC 为在线编程模式，单击工具栏上的 下载图标，出现如图 4 - 65 所示的下载内容选择对话框。初次下载应将硬件配置及程序均下载进去，选择全部选项后单击"OK"按钮开始下载。

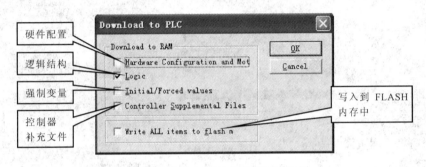

图 4 - 65 下载内容选择对话框

（12）下载结束后弹出"输出使能确认"对话框，选择上面的"Outputs Enable"，单击"OK"按钮运行输出使能。切记！下载完成后要把 CPU 模块上的状态开关拨到"RUN"位置。

（13）下载完成后，如正确无误，Target1 前面的图标由 灰变绿，屏幕下方出现 Programmer、Stop Disabled、Config EQ、Logic EQ，表明当前的 RX3i 配置与程序的硬件配置吻合，内部逻辑与程序中的逻辑吻合。此时将 CPU 的转换开关打到运行状态，即可实现对外部设备的控制。如果 Target1 前面出现 图标，则表明 RX3i 系统存在错误。双击图标 ，弹出错误清除对话框，选择其中的"InfoViewer"选项卡，单击"Clear Controller Fault Table"按钮清除错误。清除完毕后关闭对话框，单击停止图标 ，单击下载图标 ，再次进行下载，直到正确为止。

4.8 PME 程序备份、删除和恢复

备份和恢复主要用于传送一个项目，例如从一台 PME 中传送到另一台 PME 中。备份是进行压缩文件的操作，恢复是进行解压缩文件的操作。被备份的文件必须经过恢复才能正常显示。

1. 备份与删除项目

备份与删除项目的操作步骤如下：

（1）要备份一个项目，首先要关闭任何打开的项目。

（2）在 Navigator 浏览器窗口的"Manager"下右键点击想备份的项目，选择"Back Up"即可备份选择的项目，选择"Destroy Project"删除选择的项目，如图 4 - 66 所示。选择好备

份项目存放路径后，如图 4-67 所示，然后单击"保存"即可，此文件夹将按照 zip 文件格式保存。

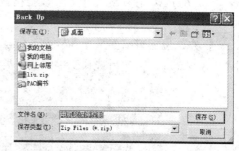

图 4-66　备份工具选择　　　　　　图 4-67　保存备份路径选择对话框

对备份保存的压缩文件解压之后可以看到其中的文件后缀名是 SwxCF，这样的文件又必须借助于恢复项目才能打开。

2. 恢复项目

恢复项目的操作步骤如下：

（1）要恢复一个项目，在 Navigator 窗口中"Manager"选项卡的"Projects"下右击"My Computer"，选择"Restore…"，如图 4-68 所示。

（2）在调出来的 Restore 窗口中，选择恢复原文件的存放位置，点击"打开"按钮，如图 4-69 所示，选中的文件将被恢复到 PME 中。

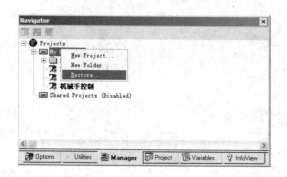

图 4-68　恢复工具选择菜单　　　　　图 4-69　恢复文件选择对话框

（3）在工程"Projects"下双击恢复的文件，即可打开此项目进行编辑。

4.9　PME 使用注意问题

（1）在调试过程中，如果桌面窗口比较乱，可以通过选择"Windows→Apply Theme"菜单来使窗口恢复到软件默认的布局安排。

（2）在建立 PME 和 PAC 通信的过程中，总共要设置四次 IP 地址，其中安装 PME 软件的 PC 机网卡仅仅设置一次，其余三次 IP 地址设置都是一样的，针对以太网模块的 IP 地址设置，这三次分别是临时 IP 地址写入以太网模块、以太网模块硬件属性中 IP 地址设置、程序下载时进行以太网 IP 地址的设置。

（3）在进行工程项目建立之前，要先规划好不同模块的地址分配，并且在相应的模块属性中也要进行相关的设置，以免在硬件组态中出现地址的重叠而引起错误。

（4）在 PAC 程序编写中，可以根据设计要求提前定义好相关的变量。创建变量的步骤如下：

① 在浏览窗口的变量标签栏中，右键点击第一行的"Variable List：Sorted by Name"，选中"New Variable"，然后选择变量的数据类型后进入到新建变量对话框，如图 4 - 70 所示。

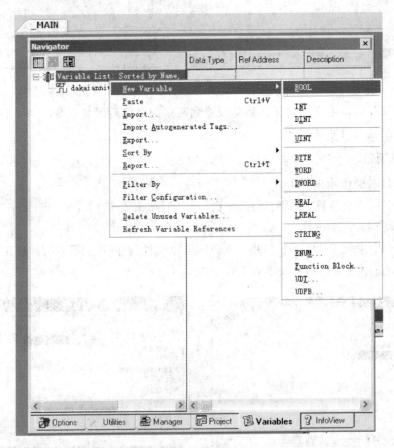

图 4 - 70　新建变量选择菜单

② 输入变量名后按回车键。变量名可以由 1 到 32 个字符组成，以字母开头，包含大写字母和小写字母，数字 0 到 9，分隔符（"_"）。

选中相应变量，在其 Inspector 窗口中分别进行相应的设置后，如图 4 - 71 设置的 zhishideng 变量名的属性，这样一个新的变量就在变量列表中被创建了。

在图 4 - 71 的属性设置中，"Retentive"属性设置该变量是否是带断电保护的，设置为"True"即带断电保护，该地址的线圈在梯形图中是带 M 字样的。这样如果 PAC 失电时，带 M 的线圈数据不会丢失，如图 4 - 72 所示。

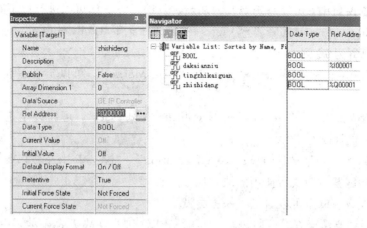

图 4-71　变量属性设置

图 4-72　断电保护线圈使用

（5）开发者可以根据个人喜好去定制 Machine Edition 的开发环境。通过在浏览窗口中的选项 Options 标签栏，可以修改 Machine Edition 的环境设定。各种功能选项是以文件夹的形式显示的，通过鼠标点击可以打开或收起文件夹。展开功能选项文件夹，然后右键点击相应功能类型，选择属性进入属性配置窗口，如图 4-73 所示。

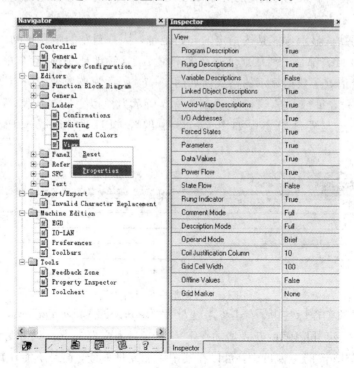

图 4-73　属性配置窗口

在属性配置窗口中，可以对想修改的功能进行编辑。比如可以进行以下基本设置：

① 选择"Editors"→"Ladder"→"View"→"Coil Justification Column"，可以定义编程环境中的列数，缺省为 10 列。

② 选择"Editors"→"Ladder"→"View"→"Grid Marker"，可以定义编程环境中的背景是否要网格点。

③ 选择"Controller"→"General"→"Duplicate Addresses"，可以设定是否对变量地址重复进行阻止，警告或忽略。

④ 选择"Controller"→"Hardware Configuration"→"New Reference Assignment"，可以设定在做硬件配置时模块所使用的缺省地址。

其他的属性设置读者可以自己——去尝试。

（6）出现问题要学会查看故障表查找问题。PLC 和 I/O 故障表显示了由 PLC 的 CPU 或模块登录的故障信息。这些信息常用于确定 PLC 的硬件或软件的哪部分出了问题。浏览故障表时，计算机与 PLC 必须处于在线状态。在浏览窗口的工程标签中，右击想要查看的对象 Target，选择诊断 Diagnostics，故障显现在信息查看 InfoViewer 窗中。

（7）调试程序时学会使用参考变量察看表。参考变量察看表（RVTs）是能够实时地监视和改变的变量地址表。在浏览窗口的工程标签中的参考变量察看表文件夹里，有默认的变量表，也可以添加用户定义的变量表。一个对象可以有 0 个或多个用户定义的 RVTs 变量表。

RVTs 变量表中包含的变量数量并不影响性能，只是影响显示和刷新的视觉效果。

RVTs 变量表只显示激活且在线的目标 PLC 的变量，可以在浏览窗口的选项标签中配置该变量表的显示方式。

地址数值的默认显示方式是按指定的起始地址，从右到左的顺序排列。默认的或用户定义的 RVTs 变量表都是以离散地址每行 8 个单元，连续地址每行 10 个单元方式显示的。显示数据的数量依赖于数据显示的格式。如图 4-74 所示为离散变量查看表，每行 8 个单元，每个单元 8 位，每行占据 64 个位。图 4-75 所示为模拟变量查看表，每行 10 个单元。这些资源的大小还与硬件组态中如图 4-33 中设置 CPU 的 Memory Protection Switch 有关。

_MAIN	%AI - Analog Input	%I - Input				
	<--				%I00001	Address
						%I00001
						%I00065
						%I00129
						%I00193

图 4-74 离散变量查看表

在浏览窗口的工程标签中，右击参考变量表"Reference View Tables"，并选择"New"。一个名为"RefViewTable10"的新表增加在 RVTs 变量表文件夹下。双击变量表，变量表显示在 Machine Edition 的主窗口中，可以在其中添加变量地址，但是不能在默认的变量表内添加变量地址。还可以按需要选择变量显示格式，如图 4-76 所示。

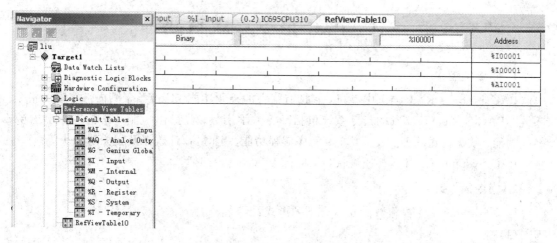

图 4-75　模拟变量查看表

图 4-76　自定义参考变量表

习　　题

4.1　简述 PME 软件的安装过程。

4.2　如何在 PME 中创建新的项目？

4.3　简述在 PME 中进行硬件组态的步骤。

4.4　如何在 PME 中建立和 PAC 之间的通信？

4.5　在 PME 中如何进行项目的备份和恢复？

第 5 章　PAC 指令系统

在 PAC 系统中，控制逻辑由用户编程实现，PAC 按照循环扫描的方式完成包括执行用户程序在内的各项任务，实现强大的控制功能，这得益于 PAC 系统内部丰富的指令系统。在本章中将学习 PAC Systems RX3i 的各种指令。

5.1　PAC 指令系统概述

1. 指令类型

PAC Systems RX3i 属于中型机，它拥有强大的控制功能，这得益于其内部丰富的指令系统。PAC Systems RX3i 的指令系统包括高等数学函数、位操作功能、触点、控制功能、转换功能、数据传送功能、数学功能、程序流程功能、定时器/计数器及相关功能块等。

PAC Systems RX3i 运行速度快，每执行 1000 步运行时间 0.07 ms。

2. 指令操作数

PACSystems 指令操作数和功能有下列形式：

（1）常量；

（2）位于 PACSystems 存储区域的变量（%I，%Q，%M，%T，%G，%S，%SA，%SB，%SC，%R，%W，%L，%P，%AI，%AQ）；

（3）符号变量；

（4）参数化块或 C 块的参量；

（5）能流；

（6）数据流；

（7）计算基准，如间接基准或字位基准。

操作数的类型和长度必须与它进入的参数的类型和长度相一致。常量不能用作输出参数的操作数，因为输出的值不能写入常量。只读类型存储器内的变量不能用作输出参数的操作数。

3. 数据类型

PACSystems 指令操作数所用基本数据类型有 BOOL、BYTE、WORD、DWORD、INT、DINT、REAL 等，不同的数据类型具有不同的数据长度和数值范围，具体描述如表 5-1 所示。

表 5-1　数据类型及数值范围

类　型	名　称	描　述
BOOL	布尔	存储器的最小单位。有两种状态，1 或者 0
BYTE	字节	8 位二进制数据。范围 0～255

类　型	名　　称	描　　述
WORD	字	16 个连续数据位。字的值的范围是 16 进制的 0000～FFFF
DWORD	双字	32 位连续数据位，与单字类型书具有同样的特性
UINT	无符号整型	占用 16 位存储器位置。正确范围 0～65535(16 进制 FFFF)
INT	带符号整型	占用 16 位存储器位置。补码表示法。带符号整型数正确范围为 −32768～+32767
DINT	双精度整型	占用 32 位存储器位置。用最高位表示数值的正负。带符号双整型数 (DINT)正确范围为 −2147483648～ +2147483647
REAL	浮点	占用 32 位存储器位置。这种格式存储的数据范围为 ± 1.401298E−45 ～ ±3.402823E+38
BCD−4	4 位 BCD	占用 16 位存储器位置。4 位的 BCD 码表示范围为 0～9999
BCD−8	8 位 BCD	8 位的 BCD 码表示范围为 0～99999999

5.2 PAC 内部资源

5.2.1 PAC 存储区域

变量是已命名的存储数据值的存储空间，它代表了目标 PAC CPU 内的存储位置，CPU 以位存储器和字存储器的方式存储程序数据，存储定位以文字标识符(变量)作为索引。变量的字符前缀确定存储区域，数字值是存储器区域的偏移量，例如％AQ0056，其中％表示地址，AQ 表示地址类型，0056 表示地址号。

GE PACSystems 设置众多存储区，最多可支持 32K DI、32K DO、32K AI、32K AO，可根据具体使用情况为各类存储空间动态分配大小。位变量和字变量具体描述如表 5 - 2 和表 5 - 3 所示。

表 5 - 2 位(离散)变量

类　型	描　　述
％I	代表输入变量。％I 变量位于输入状态表中，输入状态表中存储了最后一次输入扫描过程中输入模块传来的数据。用编程软件为离散输入模块指定输入地址。地址指定之前，无法读取输入数据。％I 寄存器是保持型的，最多 32768 位
％Q	代表自身的输出变量。％Q 变量位于输出状态表中，输出状态表中存储了应用程序对最后一次设定的输出变量值。输出变量表中的值会在本次扫描完成后传送给输出模块。用编程软件为离散输出模块指定变量地址。地址指定之前，无法向模块输出数据。％Q 变量可能是保持型的，也可能是非保持型的，最多 32768 位
％M	代表内部变量。％M 变量可能是保持型的，也可能是非保持型的，最多 32768 位

类　型	描　　述
%T	代表临时变量。因为这个存储器倾向于临时使用，所以在停止-运行转换时会将%T数据清除掉，所以%T变量不能用作保持型线圈，最多1024位
%S %SA %SB %SC	代表系统状态变量。这些变量用于访问特殊的CPU数据，比如说定时器，扫描信息和故障信息。%SC0012位用于检查CPU故障表状态。一旦这一位被一个错误设为ON，在本次扫描完成之前，不会将其复位。 (1) %S，%SA，%SB和%SC可以用于任何结点。 (2) %SA，%SB和%SC可以用于保持型线圈-(M)-
%G	代表全局数据变量。这些变量用于几个系统之间的共享数据的访问

表 5－3　字(寄存器)变量

类　型	描　　述
%AI	前缀%AI代表模拟量输入寄存器。模拟量输入寄存器保存模拟量输入值或者其他的非离散值。范围0～32640字，缺省64字
%AQ	前缀%AQ代表模拟量输出寄存器。模拟量输出寄存器保存模拟量输出值或者其他的非离散值。范围0～32640字，缺省64字
%R	前缀%R代表系统寄存器变量。系统寄存器保存程序数据比如计算结果。范围0～32640字，缺省1024字
%W	保持型的海量存储区域，变量为%W(字存储器)类型。范围0～最大至用户RAM上限，缺省0字
%P *	前缀%P代表程序寄存器变量。在_MAIN块中存储程序数据。这些数据可以从所有程序块中访问。%P数据块的大小取决于所有块的最高的%P变量值。%P地址只在LD程序中可用，包括LD块中调用的C块，P变量不是整个系统范围内可用的。每个程序8192字，缺省8192字

字变量的寻址方式有直接寻址和间接寻址，如%AI0001，表示直接读取AI0001位置中的数据。如果%R00101的值为1000，则@R00101使用的是%R01000内包含的值则为间接寻址。

允许设定字的某一位的值，可以将这一位作为二进制表达式输入输出以及函数和调用的位参数，例如%R2.X[0]表示%R2的第1位(最低位)，%R2.X[1]表示%R2的第2位，其中[0]和[1]是位索引。位号(索引)必须为常数，不能为变量。

5.2.2　PAC系统参考变量

GE PACSystems CPU 的系统状态变量为%S，%SA，%SB和 %SC 变量。%S 位是只读位；不要向这些位写数据，%S 变量如表 5－4 所示。

表 5－4　％S 变量

变量地址	名　称	描　述
％S0001	＃FST_SCN	当前的扫描周期是 LD 执行的第一个周期。在停止/运行转换后第一个周期，此变量置位，第一个扫描周期完成后，结点复位。
％S0002	＃LST_SCN	在 CPU 转换到运行模式时设置，在 CPU 执行最后一次扫描时清除。CPU 将这一位置 0 后，再运行一个扫描周期，之后进入停止或故障停止模式。如果最后的扫描次数设为 0。CPU 停止后将％S0002 置 0，从程序中看不到％S0002 已被清 0
％S0003	＃T_10MS	0.01s 定时结点
％S0004	＃T_100MS	0.1s 定时结点
％S0005	＃T_SEC	1.0s 定时结点
％S0006	＃T_MIN	1.0min 定时结点
％S0007	＃ALW_ON	总为 ON
％S0008	＃ALW_OFF	总为 OFF
％S0009	＃SY_FULL	CPU 故障表满了之后置 1(故障表缺省值为纪录 16 个故障,可配置)，某一故障清除或故障表被清除后，此为置 0
％S0010	＃IO_FULL	I/O 故障表满了之后置 1(故障表缺省值为纪录 32 个故障,可配置)，某一故障清除或故障表被清除后，此为置 0
％S0011	＃OVR_PRE	％I,％Q,％M,％G 或者布尔型的符号变量存储器发生覆盖时置 1
％S0012	＃FRC_PRE	Genius 点被强制时置 1
％S0013	＃PRG_CHK	后台程序检查激活时置 1
％S0014	＃PLC_BAT	电池状态发生改变时，这个结点会被更新

　　故障之后或者清除故障表之后的第一次输入扫描时，才会置位或复位％SA，％SB 和％SC 结点。也可以通过用户逻辑或使用 CPU 监控设备置位或复位％SA，％SB 和％SC 结点。

　　系统故障变量可以用于精确指定发生的故障的类型，如表 5－5 所示。

表 5－5　系统故障变量

地　址	名　称	描　述
％SC0009	＃ANY_FLT	从上一次上电或者清除故障表之后两个故障表中记录的任何新的故障
％SC0010	＃SY_FLT	从上一次上电或者清除故障表之后 PLC 故障表中记录的任何新的故障
％SC0011	＃IO_FLT	从上一次上电或者清除故障表之后 I/O 故障表中记录的任何新的故障

地　址	名　称	描　述
%SC0012	♯SY_PRES	PLC 故障表中至少有一个故障
%SC0013	♯IO_PRES	I/O 故障表中至少有一个故障
%SC0014	♯HRD_FLT	任何硬件故障
%SC0015	♯SFT_FLT	任何软件故障

上电时，系统故障变量被清除。如果发生故障，则在故障发生后任何受影响的正向结点转换为 ON 状态。在两个故障表被清空或者整个存储器被清空前，系统故障变量一直会保持 ON 状态。

系统故障变量置位时，附加的故障变量也置位。这些其他类型的故障中，"可配置故障的故障变量"如表 5 – 6 所示，"不可配置故障的故障变量"如表 5 – 7 所示。

表 5 – 6　可配置故障的故障变量

变量地址	名　称	描　述
%SA0008	♯OVR_TMP	CPU 操作温度超过正常温度(58 ℃)时，这一位置位。清除 CPU 故障表或者将 CPU 重新上电后，这一位清 0
%SA0009	♯CFG_MM	故障表记录有配置不等故障时这一位置位。清除 CPU 故障表或者将 CPU 重新上电后，这一位清 0
%SA0012	♯LOS_RCK	扩展机架与 CPU 停止通讯时，这一位置位。清除 CPU 故障表或者将 CPU 重新上电后，这一位清 0
%SA0013	♯LOS_IOC	总线控制器停止与 CPU 通讯时这一位置位。清除 I/O 故障表或者将 CPU 重新上电后，这一位清 0
%SA0014	♯LOS_IOM	I/O 模块停止与 CPU 通讯时这一位置位。清除 I/O 故障表或者将 CPU 重新上电后，这一位清 0
%SA0015	♯LOS_SIO	可选模块停止与 CPU 通讯时这一位置位。清除 CPU 故障表或者将 CPU 重新上电后，这一位清 0
%SA0022	♯IOC_FLT	总线控制器报告总线故障，全局存储器故障或者 IOC 硬件故障时这一位置位。清除 I/O 故障表或者将 CPU 重新上电后，这一位清 0
%SA0029	♯SFT_IOC	I/O 控制器发生软件故障时这一位置位。清除 I/O 故障表或者将 CPU 重新上电后，这一位清 0
%SA0032	♯SBUS_ER	VME 总线背板发生总线错误时这一位置位。清除 I/O 故障表或者将 CPU 重新上电后，这一位清 0

表 5-7　不可配置故障的故障变量

变量地址	名　称	描　　　　述
%SA0001	#PB_SUM	应用程序检测和变量检测不匹配时,这一位置位。如果故障是瞬时错误,再次向 CPU 存储程序时将这个错误清除。如果是严重的 RAM 故障,必须更换 CPU。要清除这一位,清除 CPU 故障表或将 CPU 重新上电
%SA0003	#APL_FLT	应用程序发生故障时置位。清除 CPU 故障表或者将 CPU 重新上电后,这一位清 0
%SA0005	#PS_FLT	电源故障
%SA0010	#HRD_CPU	自诊断检测到 CPU 硬件故障时这一位置位。清除 CPU 故障表或者将 CPU 重新上电后,这一位清 0
%SA0011	#LOW_BAT	系统内的 CPU 或其他模块电池电压过低信号
%SA0017	#ADD_RCK	系统增加扩展机架时这一位置位。清除 CPU 故障表或者将 CPU 重新上电后,这一位清 0
%SA0018	#ADD_IOC	系统增加总线控制器时这一位置位。清除 CPU 故障表或者将 CPU 重新上电后,这一位清 0
%SA0019	#ADD_IOM	机架上增加 I/O 模块时这一位置位。清除 I/O 故障表或者将 CPU 重新上电后,这一位清 0
%SA0020	#ADD_SIO	机架上增加智能可选模块时这一位置位。清除 I/O 故障表或者将 CPU 重新上电后,这一位清 0
%SA0023	#IOM_FLT	I/O 模块内的点或通道;模块的局部故障
%SA0027	#HRD_SIO	检测到可选模块硬件故障时这一位置位。清除 I/O 故障表或者将 CPU 重新上电后,这一位清 0
%SA0031	#SFT_SIO	LAN 接口模块的不可恢复的软件错误
%SB0001	#WIND_ER	固定扫描时间模式下,如果没有足够的时间启动编程器窗口,这一位置位。清除 CPU 故障表或者将 CPU 重新上电后,这一位清 0
%SB0009	#NO_PROG	存储器保存的情况下,CPU 上电,如果没有用户程序,这一位置位。清除 CPU 故障表或者在有程序的情况下将 CPU 重新上电后,这一位清 0
%SB0010	#BAD_RAM	CPU 上电时检测到 RAM 存储器崩溃的情况下这一位置位。清除 CPU 故障表或者在检测到 RAM 存储器正常的情况下将 CPU 重新上电后,这一位清 0
%SB0011	#BAD_PWD	密码访问侵权时这一位置位。清除 CPU 故障表或者将 CPU 重新上电后,这一位清 0
%SB0012	#NUL_CFG	试图在没有配系数据的情况下,令 CPU 进入运行模式,则这一位置位。清除 CPU 故障表或者将 CPU 重新上电后,这一位清 0
%SB0013	#SFT_CPU	检测到 CPU 操作系统软件故障时这一位置位。清除 CPU 故障表或者将 CPU 重新上电后,这一位清 0
%SB0014	#STOR_ER	编程器存储操作发生故障时这一位置位。清除 CPU 故障表或者将 CPU 重新上电后,这一位清 0

5.3 PAC 继电器触点和线圈逻辑指令

5.3.1 继电器触点指令

继电器触点常用来监控基准地址的状态。基准地址的状态或状况及触点类型开始受到监控时，触点能否传递能流，取决进入触点的实际能流。如果基准地址的状态是 1，基准地址就是 ON；如果状态为 0，则基准地址为 OFF。继电器触点包含常开、常闭、上升沿、下降沿等常用触点，如表 5-8 所示。

表 5-8 继电器触点列表

触 点	梯形图 助记符	向右传递能流	可用操作数
常闭触点 （NCCON）	BOOLV —/—	如果与之相连的 BOOL 型变量是 OFF	在 I，Q，M，T，S，SA，SB，SC 和 G 储存器中的离散变量。在任意非离散储存器中的符号离散变量
常开触点 （NOCON）	BOOLV —| |—	如果与之相连的 BOOL 型变量是 ON	
负跳变触点 （NEGCON）	BOOLV —↓|—	如果 BOOL 型输入从 ON 到 OFF	
负跳变触点 （NTCON）	BOOL_V —|N|—	如果 BOOL 型输入从 ON 到 OFF	在 I，Q，M，T，S，SA，SB，SC 和 G 储存器中的变量，符号离散变量
正跳变触点 （POSCON）	BOOLV —↑|—	如果 BOOL 型输入从 OFF 到 ON	
正跳变触点 （PTCON）	BOOL_V —|P|—	如果 BOOL 型输入从 OFF 到 ON	
顺延触点 CONTCON	—|↑|—	如果前面的顺延线圈置为 ON	不使用参量，也没有相关变量
故障触点 FAULT	BWVAR —|F|—	如果与之相连的 BOOL 型或 WORD 变量有一个点有故障	在 %I，%Q，%AI 和 %AQ 储存器中的变量，以及预先确定的故障定位基准地址
无故障触点 NOFLT	BWVAR —|NF|—	如果与之相连的 BOOL 型或 WORD 变量没有一个点有故障	
高位触点 HIALR	WORDV —|HA|—	如果与之相连的模拟（WORD）输入的高位报警位置为 ON	在 AI 和 AQ 中的储存变量
地位触点 LOALR	WORDV —|LA|—	如果与之相连的模拟（WORD）输入的高位报警位置为 ON	

1. 常闭触点 NCCON 和常开触点 NOCON

如果 BOOLV 操作数是 OFF(False，0)，常闭触点（NCCON）作为一个传递能流的开关。如果 BOOLV 操作数是 ON（True，1），常开触点（NOCON）作为一个传递能流的开关。BOOLV 可以是一个预先确定的系统变量，或是一个自定义变量。

2. 跳变触点 POSCON 和 NEGCON

从跳变触点 POSCON 和 NEGCON 输出的能流由最后写进与触点相连的 BOOL 变量决定。从跳变触点 PTCON 和 NTCON 输出的能流由与之相连的 BOOL 变量的值决定，该值是跳变触点最后一次被执行时得到的。

只有当下列条件全都满足时，POSCON 才向右传递能流：

（1）POSCON 的使能是 ON。

（2）与 POSCON 相连变量的状态字当前值是 ON。

（3）与 POSCON 相连变量的跳变字当前值是 OFF。

换句话说，如果有实际能流进入 POSCON，最后写进与之相连的变量值从 OFF 到 ON，POSCON 将向右传递实际能流。

只有当下列条件全都满足时，NEGCON 才向右传递能流：

（1）NEGCON 的使能是 ON。

（2）与 NEGCON 相连变量的状态字当前值是 OFF。

（3）与 NEGCON 相连变量的跳变字当前值是 ON。

换句话说，如果有实际能流进入 NEGCON，最后写进与之相连的变量值从 ON 到 OFF，NEGCON 将向右传递实际能流。

一旦 POSCON 或 NEGCON 触点开始传递能流，则持续到相连变量写进新的值。不管写进的值是 ON 或 OFF，POSCON 或 NEGCON 触点停止传递能流。写进的值的来源不重要：可以是一个输出线圈，一个功能块输出，一个输入扫描，一个输入中断，一个从程序转化来的数据或是一个外部信息。一旦新的值写进变量，相关的 POSCON 或 NEGCON 触点立即受到影响。在新的值写进变量之前，POSCON 或 NEGCOT 触点看起来被"粘住"一样。

3. 跳变触点 PTCON 和 NTCON

PTCON(NTCON)触点和 POSCON（NEGCON)触点的本质区别在于每个用于逻辑控制的 PTCON 或 NTCON 触点指令都有自己的关联实例数据。该实例数据给出了触点最后一次执行时与触点相关的 BOOL 变量的状态。因为每个 PTCON 或 NTCON 指令的实例都有自己的实例数据，使得与相同 BOOL 变量相连的两个 PTCON 或 NTCON 指令的表现不同成为可能。

只有当下列条件全都满足时，PTCON 向右传递能流：

（1）PTCON 的输入使能激活。

（2）与 PTCON 相连的 BOOL 变量的当前值是 ON。

（3）与 PTCON 相连的实例数据是 OFF(也就是最后一次 PTCON 指令执行时关联 BOOL 变量的值是 OFF)。

这些条件满足后，控制能流，PTCON 的实例数据被刷新，BOOL 变量的当前值被写进实例数据中。

只有当下列条件全都满足时，NTCON 向右传递能流：

(1) NTCON 的输入使能激活。

(2) 与 NTCON 相连的 BOOL 变量的当前值是 OFF。

(3) 与 NTCON 相连的实例数据的 ON（也就是最后一次 NTCON 指令执行时关联 BOOL 变量的值是 ON）。

这些条件满足后，控制能流，NTCON 的实例数据被刷新，BOOL 变量的当前值也被写进实例数据中。

一个 PTCON 或 NTCON 触点将保持 ON 状态一个"执行周期"。例如，一旦 PTCON 传递能流，下一次执行特定的 PTCON 指令时，PTCON 将不传递能流。这是因为 PTCON 的行为取决于它的实例数据值，这个值每次 PTCON 执行时就被刷新。当 PTCON 执行并传递能流时，其实例数据被刷新，刷新后的实例数据包含与之相连的 BOOL 变量的当前值，该值必须是 ON。PTCON 第二次执行时，再次传递能流的条件不满足，因为其实例数据是 ON 而不是 OFF。这种行为和 POSCON 和 NEGCON 的行为形成鲜明的对比，它能为多个执行周期传递能流。同时也要注意：因为 PTCON 和 NTCON 指令的行为不是由指令位决定的，这些指令可以和有些变量一起使用，这些变量在没有关联跳变位的存储器中。

4. 顺延触点 CONTCON

在包含一个顺延线圈的程序块里，一个顺延触点从前次最后执行的一级开始延续梯形图逻辑。顺延触点的能流状态和前次执行的顺延线圈的状态相同。顺延触点没有关联变量。

注意：

(1) 如果逻辑流在对顺延触点执行操作之前不对顺延线圈执行操作，顺延触点处于无流状态。

(2) 每次块开始执行时，顺延触点的状态被清除（置为无流）。

(3) 顺延线圈和顺延触点不使用参数，也没有与之相连的变量。

(4) 一个顺延线圈之后可以有多个含顺延触点的梯级。

(5) 一个含顺延触点的梯级之前可以有多个含顺延线圈的梯级。

5. 故障触点 FAULT

故障触点（FAULT）用来检测离散或模拟基准地址的故障，或定位故障（机箱、槽、总线、模块）。

(1) 为保证正确的模块状况指示，FAULT/NOFLT 触点使用基准地址（％I，％Q，％AI，％AQ）。

(2) 为定位故障，FAULT/NOFLT 触点使用机箱、槽、总线、模块故障定位系统变量。当一个与已知模块相连的故障从故障表中被清除时，该模块的故障指示也被清除。

(3) 对与 I/O 点故障报告，必须配置 HWC(Hardware Configuration)来激活 PLC 点故障。

(4) 如果与 FAULT 相连的变量或存储单元有一个点故障，FAULT 传递能流。

6. 高位(HIALR)/低位(LOALR)报警触点

高位报警触点（HIALR）常用来检测模拟量输入的高位报警。高位/低位报警触点的使用必须在 CPU 配置时激活。如果与模拟量输入相连的高位报警位是 ON，高位报警触点传递能流。

低位报警触点（LOALR）常用来检测模拟量输入的低位报警。低位报警触点的使用必须在 CPU 配置时激活。如果与模拟量输入相连的低位报警位是 ON，低位报警触点传递能流。

5.3.2　继电器线圈指令

继电器线圈的工作方式与继电器逻辑图中线圈的工作方式类似。线圈用来控制离散量参考变量。线圈可以作为触点在程序中被多次引用；如果同一地址的线圈在不止一个程序段中出现，其状态以最后一次运算的结果为准。

如果在程序中执行另外的逻辑作为线圈条件的结果，可以给线圈或顺延线圈/触点组合用一个内部点。

继电器线圈包含输出线圈、取反线圈、上升沿线圈、下降沿线圈、置位线圈，复位线圈等，输出线圈总是在逻辑行的最右边。指令类型及功能如表 5-9 所示。

表 5-9　继电器线圈指令

线圈类型	梯形图符号	操作数范围	描　　述
非记忆型线圈 COIL	─○─	%Q，%M，%T，%SA，%SB，%SC 和%G。允许是符号离散型变量	当一个线圈接收到能流时，置相关 BOOL 型变量为 ON；没有接收到能流时，置相关 BOOL 型变量为 OFF。掉电复位
非记忆型取反线圈 NCCOIL	─⊘─	%Q，%M，%T，%SA，%SB，%SC 和%G。允许是符号离散型变量	没有接收到能流，取反线圈（NCCOIL）置相关 BOOL 型变量为 ON；接收到能流，取反线圈（NCCOIL）置相关 BOOL 型变量为 OFF
顺延线圈 CONTCOIL	─（+）─	不使用参量，也没有相关变量	使 PAC 在下一级的顺延触点上延续本级梯形图逻辑能流值。顺延线圈的能流状态传递给顺延触点
非记忆型置位线圈 SETCOIL	─(S)─	%Q，%M，%T，%SA，%SB，%SC 和%G。允许是符号离散型变量	当置位线圈接收到能流时，置离散型点为 ON。当置位线圈接收不到能流时，不改变散型点的值。所以，不管线圈本身是否连续接收能流，点一直保持 ON，直到点被其他逻辑控制复位，如复位线圈等。掉电不保持
非记忆型复位线圈 RESETCOIL	─(R)─	%Q，%M，%T，%SA，%SB，%SC 和%G。允许是符号离散型变量	当复位线圈接收到能流时，置离散型点为 OFF。当复位线圈接收不到能流时，不改变离散型点的值。所以，不管线圈本身是否连续接收能流，点一直保持 OFF，直到点被其他逻辑控制置位，如置位线圈等

线圈类型	梯形图符号	操作数范围	描　述
正跳变线圈 POSCOIL	（↑）	I，Q，M，T，G，SA，SB，SC 和符号离散型变量	如果：变量的跳变位当前值是 OFF；变量的状态位当前值是 OFF；输入到线圈的能流当前值是 ON。 正跳变线圈把关联变量的状态位转为 ON，其他任何情况下，都转为 OFF。所有的情况下，变量的跳变位都被置为能流的输入值
负跳变线圈 NEGCOI L	（↓）	I，Q，M，T，G，SA，SB，SC 和符号离散型变量	如果：变量的跳变位当前值是 ON；变量的状态位当前值是 OFF；输入到线圈的能流当前值是 OFF。 负跳变线圈把关联变量的状态位转为 ON，其他任何情况下，都转为 OFF。所有的情况下，变量的跳变位都被置为能流的输入值
正跳变线圈 PTCOIL	（P）	在 I，Q，M，T，SA，SB，SC，G 存储器中变量和符号离散型变量。非离散型存储器（例如%R）或符号非离散型变量里的字的位触点	当输入能流是 ON，上次能流的操作结果是 OFF，与 PTCOIL 相关的 BOOL 变量的状态位转为 ON。 在任何其他情况下，BOOL 变量的状态位转为 OFF
负跳变线圈 NTCOIL	（N）	在 I，Q，M，T，SA，SB，SC，G 存储器中变量和符号离散型变量。非离散型存储器（例如%R）或符号非离散型变量里的字的位触点	当输入能流是 OFF，上次能流的操作结果是 ON，与 NTCOIL 相关的 BOOL 变量的状态位转为 ON。 在任何其他情况下，BOOL 变量的状态位转为 OFF

5.3.3　继电器指令应用举例

下面通过几个实例详细说明一下继电器触点及线圈指令的执行情况。

【例 5-1】　某电动机的启停控制。根据下述控制要求编写梯形图程序。

（1）按下启动按钮 SB1（常开按钮）后，电动机启动。

（2）按停止按钮 SB2 后（常闭按钮），电动机停止运动。

（3）电动机通过热继电器做过载保护。

分析：根据控制要求确定 I/O 分配，画出 PAC 硬件接线图，然后编写程序。本例中停止按钮为常闭按钮，在梯形图中应用常开触点。为节省 I/O 点，热继电器可不占 PAC 点数，直接串联在线圈上。

（1）画出 PAC 硬件接线图，如图 5-1 所示。

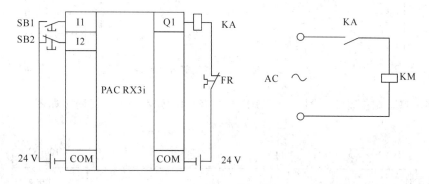

图 5-1　电动机启停硬件接线图

（2）编写梯形图程序。程序及波形图如图 5-2 所示。

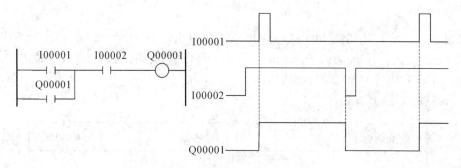

图 5-2　程序及波形图

【例 5-2】　延续触点和延续线圈应用。在 PAC 中，每行程序最多可以有 9 个触点、1 个线圈，如超过这个限制，则要用到延续触点和延续线圈。一个顺延线圈之后可以有多个含顺延触点的梯级。一个含顺延触点的梯级之前可以有多个含顺延线圈的梯级。

延续触点和延续线圈的位置关系如图 5-3 所示。

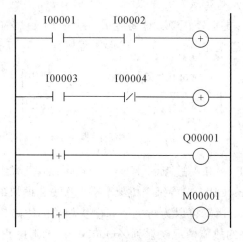

图 5-3　延续触点和延续线圈

图 5-3 的逻辑关系如图 5-4 所示，但在图 5-3 中可以克服触点数量的限制。

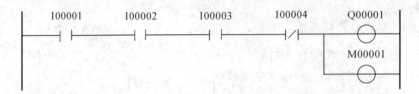

图 5-4　逻辑等效

【例 5-3】　对正跳变线圈 POSCOIL 与 PTCOIL 分别举例，其程序如图 5-5 和图 5-6 所示。

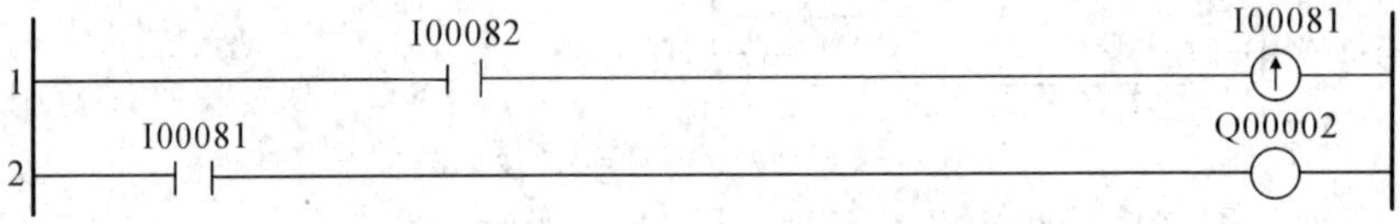

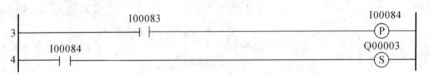

图 5-5　正跳变线圈 POSCOIL 举例

在图 5-5 中，闭合％I00082，％I00081 从 OFF 到 ON，线圈％Q00002 周期性 ON/OFF；若先闭合％I00081，％I00082 从 OFF 到 ON，线圈％Q00002 没有输出。

用 PTCOIL 代替 POSCOIL 如图 5-6 所示。

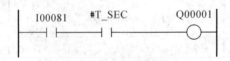

图 5-6　正跳变线圈 PTCOIL 举例

在图 5-6 中，闭合％I00083，％I00084 从 OFF 到 ON，线圈％Q00003 置位，若先闭合％I00084，％I00083 从 OFF 到 ON，线圈％Q00003 仍有输出。

【例 5-4】　若故障信号％I00081 为 1，使％Q00001 控制的指示灯以 1 Hz 的频率闪烁。如果故障已经消失，则指示灯熄灭。

分析：指示灯以 1 Hz 的频率闪烁，即要生成一个周期为 1 s 的脉冲信号，没要求占空比，可以考虑使用系统状态变量％S00005。梯形图程序如图 5-7 所示。

```
      I00081      #T_SEC      Q00001
───────┤├─────────┤├──────────(  )───────
```

图 5-7　梯形图程序

【例 5-5】　故障(-[F]-)和无故障(-[NF]-)结点可以用于检测系统内目前存在的不同类型的故障。PACSystems CPU 支持每个机架、槽、总线和模块的保留故障名。通过为故障和无故障结点编辑名称，逻辑可以为与机架和模块相关的故障执行相应的动作。图 5-8 所示为机架 1 和槽 5 模块的故障情况映射到％Q00001 的梯形图程序。

```
     #RACK_0001#SLOT_0105                    Q00001
    ─┤ F ├───────┤ NF ├──────────────────────( )──
```

图 5-8　梯形图程序

【例 5-6】　高报警结点(-[HA]-)和低报警结点(-[LA]-)代表模拟量输入模块比较器功能的状态。要使用报警结点，必须先将 CPU 硬件配置的存储器键内将点故障功能使能，如图 5-9 所示，梯形图程序如图 5-10 所示。

Settings	Channel 1	Channel 2	Channel 3	Channel 4	Channel 5	Channel 6	Cha
Parameters							
Range Type	Voltage/Current						
Range	-10V to +10V						
Channel Value Format	32 Bit Floating Point						
High Scale Value (Eng Units)	**10.0**						
Low Scale Value (Eng Units)	**-10.0**						
High Scale Value (A/D Units)	**10.0**						
Low Scale Value (A/D Units)	**-10.0**						
Positive Rate of Change Limit (Eng Units / Second)	0.0						
Negative Rate of Change Limit (Eng Units / Second)	0.0						
Rate of Change Sampling Rate (Seconds)	0.0						
High-High Alarm (Eng Units)	**10.0**						
High Alarm (Eng Units)	**10.0**						
Low Alarm (Eng Units)	**-10.0**						
Low-Low Alarm (Eng Units)	**-10.0**						
High-High Alarm Dead Band (Eng Units)	**1.0**						

图 5-9　使能点故障功能

```
      AI0001        AI0002         Q00001
    ─┤HA├────────┤LA├───────────────( )──
```

图 5-10　梯形图程序

【例 5-7】　置位复位指令举例，其程序及波形如图 5-11 所示。

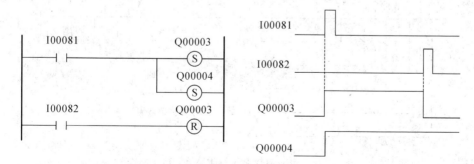

图 5-11　程序及波形图

（1）在检测到％I00081 闭合的上升沿时，输出线圈％Q00003、％Q00004 被置为 1 并保持，而不论％I00081 为何种状态。

（2）在检测到％I00082闭合的上升沿时，输出线圈％Q00003被复位为0并保持，而不论％I00081为何种状态。

【例5-8】 二分频电路或单按钮启停控制，其程序及波形如图5-12所示。

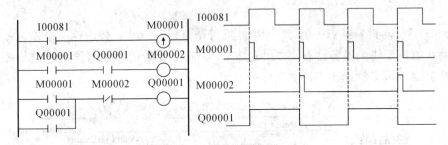

图5-12　程序及波形图

从波形图可看出，输出％Q00001的波形的频率为输入％I00081波形频率的一半。

5.4　PAC定时器和计数器指令

5.4.1　定时器指令

定时器相当于继电器电路中的时间继电器，是PAC中的重要部件，它用于实现或监控时间序列。GE PAC定时器分为三种类型，分别是断电延时定时器（OFDT），保持型接通延时定时器（ONDTR），接通延时定时器（TMR）。时间定时器的时基可以按照1 s（sec）、0.1 s（tenths）、0.01 s（hunds）、0.001 s（thous）进行计算。预置值的范围为0～32767个时间单位。延时时间t＝预置值×时基。

每个定时器需要一个一维的、由三个字数组排列的％R、％W、％P或％L存储器分别存储当前值（CV）、预置值（PV）和控制字。其中：当前值存储在字1，字1只能读取但不能写入；预置值存储在字2；控制字存储在字3。输入的定时器的地址为起始地址。图5-13为控制字存储定时器的布尔逻辑输入、输出状态。

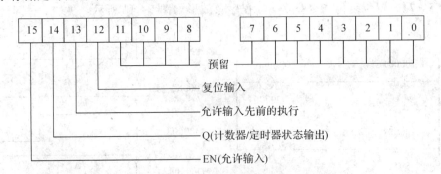

图5-13　定时器控制字逻辑输入、输出状态

不要使用两个连续的字（寄存器）作为两个定时器或计数器的开始地址。如果寄存器地址重合，逻辑Developer-PLC不会检查或发出警告。

1. 接通延时定时器 (TMR)

接通延时定时器通电时, 增加计数值, 当达到规定的预制值(PV), 只要定时器输入使能端保持接通电源, 输出端允许输出。当输入电源从开启切换到关闭时, 定时器停止累计时间, 当前值被复位到零, 输出端关闭, 指令格式如图 5 – 14 所示。

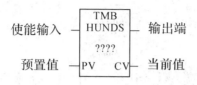

图 5 – 14　接通延时定时器指令格式图

各个参量的操作数如表 5 – 10 所示。

表 5 – 10　定时器参量操作数

参　量	许用操作数	描　　述	相关定时器
Address（????）	R, W, P, L, 符号地址	一个三字数组的起始地址	用于各种定时器
PV	除 S, SA, SB, SC 外任何操作数	预设值, 当定时器激活或复位时使用。$0 \leqslant PV \leqslant +32,767$, 如果 PV 超出范围, 对字 2 无影响	用于各种定时器
CV	除 S, SA, SB, SC 和常量外任何操作数	定时器的当前值	用于各种定时器

不要用其他指令使用 Address, Address＋1 或 Address＋2 地址。基准地址重叠将导致不确定的定时器操作。

【例 5 – 9】　接通延时定时器指令举例, 其程序及波形如图 5 – 15 所示。

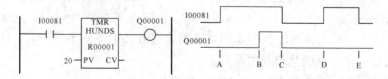

图 5 – 15　程序及波形图

A：使能输入％I00081 变高电平, 定时器开始计时。

B：CV 达到 PV(本例中为 20), ％Q00001 变高电平, 定时器继续累积时间。

C：使能输入％I00081 变低电平, ％Q00001 变低电平; 定时器停止累积时间, CV 清零。

D：使能输入％I00081 变高电平, 定时器开始累积时间。

E：使能输入％I00081 在当前值到达 PV 之前变低电平; ％Q00001 保持低电平, 定时器停止累积时间并清零。

2. 断电延时定时器(OFDT)

当断开延时定时器初次通电时,当前值为零,此时即使预置值为零,输出端为高电平。当定时器输入使能端断开时,输出端仍然保持输出,此时当前值开始计数,当当前值等于预置值时,停止计数并且输出使能断开,指令格式如图 5-16 所示。

图 5-16 断开延时定时器指令格式图

其参量的操作数同接通延时定时器。

【例 5-10】 断电延时定时器指令举例,其程序及波形如图 5-17 所示。

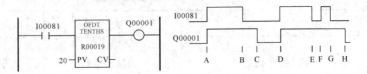

图 5-17 程序及波形图

A:使能输入%I00081 变高电平,%Q00001 为高电平,定时器复位(CV = 0)。

B:%I00081 变低电平,定时器开始计时,%Q00001 保持高电平。

C:CV 达到 PV,即计时时间到,%Q00001 变低电平,定时器停止计时。

D:使能输入%I00081 变高电平,定时器复位(CV = 0),%Q00001 为高电平。

E:%I00081 变低电平,定时器开始计时,%Q00001 保持高电平。

F:CV 没有达到 PV,%I00081 变高电平,定时器复位(CV = 0),%Q00001 保持高电平。

G:%I00081 变低电平,定时器开始计时。

H:CV 达到 PV,%Q00001 变低电平,定时器停止计时。

3. 保持型接通延时定时器(ONDTR)

当保持型接通延时定时器通电时,增加计数值。当输入使能端断开时当前值停止计数并保持。当保持型接通延时定时器再次通电时,该定时器就累计计数,直至达到最大值32767 时为止。不论输入使能端状态如何,只要当前值大于等于预置值时,输出端都将输出,并且该定时器的位逻辑状态发生改变。

当复位端允许时,当前值 CV 重设为 0,输出端断开。

保持型接通延时定时器指令格式如图 5-18 所示。

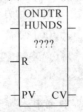

图 5-18 保持型接通延时定时器指令格式图

R 为任意能流,其他参量的操作数同接通延时定时器。

【例 5-11】 保持型接通延时定时器指令举例,其程序及波形如图 5-19 所示。

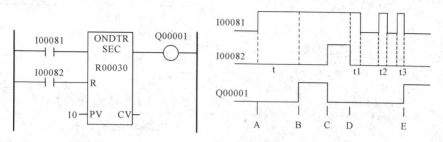

图 5-19　程序及波形图

A:％I00081 变高电平,定时器开始计时。

B:当前值达到预置值(t=PV)时,％Q00001 变高电平并保持。

C:RESET ％I00082 变高电平,％Q00001 变低电平,当前值复位 CV＝0。

D:RESET ％I00082 变低电平,％I00081 高电平,定时器重新开始累积时间。％I00081 变低电平,定时器停止累积时间。累积的时间保存不变。

E:当累积时间(t1＋t2＋t3)达到预置值(PV)时,％Q00001 变高电平并保持。

5.4.2　计数器指令

计数器的任务是完成计数,在 GE PAC 中计数器用于对脉冲正跳沿计数。计数器又分普通计数器和高速计数器两种,本节将对普通计数器进行讲解。GE PAC 的计数器有两种:减法计数器(DNCTR)和加法计数器(UPCTR)。

计数器和定时器一样都使用 ％R、％W、％P 或 ％L 的一元的三字数组或符号存储器来存储信息,当向计数器输入时,必须输入三个字数组的起始地址。三个字中分别存储以下信息:当前值存储在字 1 中,预设值存储在字 2 中,控制字存储在字 3 中。在控制字中存储计数器的布尔型输入,输出状态与定时器类似。

注意:不要和其他指令一起用计数器的地址。重叠的地址将引起不确定的计数器操作。

1. 减计数器(DNCTR)

减计数器(DNCTR)功能模块从预置值递减计数。减计数器指令如图 5-20 所示。最小的预置值(PV)为 0,最大的预置值＋32767。当能量流输入从 OFF 变为 ON 时,CV 开始以 1 为单位递减,当 CV≤0 时,输出端为 ON。若使能端继续有脉冲进入,当前值从 0 继续递减到达最小值－32768,它将保持不变直到复位。当 DNCTR 复位时,CV 被置为 PV。当失电时,DNCTR 的输出状态 Q 被保持;在得电时不会发生自动初始化。

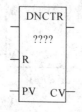

图 5-20　减计数器(DNCTR)指令

各个参量的操作数如表 5-11 所示。

表5-11 减计数器的操作数

参　数	许用操作数	描　述
地址 （????）	R，W，P，L符号地址	三个字字组的开始地址 Word 1：当前值（CV） Word 2：预置值（PV） Word 3：控制字
R	能流	当R接收到能量流，它将重置CV为PV
PV	除了S，SA，SB，SC外任何操作数	当计数器激活或者复位，PV值复制进Word 2的预置值。0≤PV≤32,767。如果PV超出范围，Word 2不能重置
CV	除了S，SA，SB，SC和常数外任何操作数	计数器的当前值

2. 增计数器（UPCTR）

增计数器功能模块（UPCTR）从预置值（PV）递增计数。增计数器指令如图5-21所示。预置值的范围为0～32767。当能流从OFF转换为ON时，CV增加1；只要CV≥PV，则输出端Q为ON。当当前值（CV）到达32767时，它将保持直到复位。当UPCTR重置为ON时，CV重置为0，输出端Q为OFF。在失电时UPCTR的状态保持，得电时不会发生自动初始化。

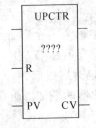

图5-21 增计数器指令

【例5-12】 增计数器举例，其程序如图5-22所示。

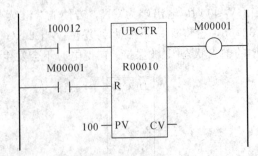

图5-22 程序图

每次当％I00012从OFF转换为ON时，增计数器增加1；只要CV超过100则线圈％M00001被激活。只要％M00001为ON，计数器置为0。

5.4.3　定时器/计数器应用举例

【例 5 - 13】　为防止电动机堵转时由于热保护继电器失效而损坏，特在电动机转轴上加装一联动装置随转轴一起转动。电动机正常转动时，每转一圈(50 ms)，该联动装置使接近开关 SQ 闭合一次，则系统正常运行。若电动机非正常停转超过 100 ms，即接近开关 SQ 不闭合超过 100 ms，则自动停车，同时红灯闪烁报警(2.5 s 亮，1.5 s 灭)。设计该程序。

分析：根据控制要求确定 I/O 分配，然后编写程序。本例中有定时要求，在编写程序时应先确定定时器的类型、时基。

(1) I/O 分配表如表 5 - 12 所示。

表 5 - 12　I/O 分配表

输入触点	功能说明	输出线圈	功能说明
％I00081	电动机启动按钮	％Q00001	电动机驱动信号输出
％I00082	电动机停止按钮	％Q00002	红灯闪烁信号输出
％I00083	接近开关 SQ		

(2) 程序如图 5 - 23 所示。

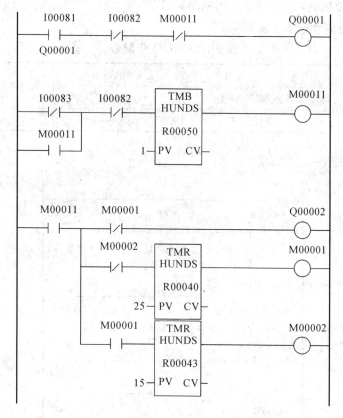

图 5 - 23　梯形图程序

在该例中要掌握闪烁电路的设计方法，通过改变时间定时器的设定值可以生成任意占空比的脉冲信号。

【例 5 - 14】 设计一控制程序：按下启动按钮后每隔 5 s 产生一个宽度为 TSD 的脉冲。

分析：%I00081 启动按钮，%I00082 停止按钮，%Q00001 信号输出，梯形图程序如图 5 - 24 所示。

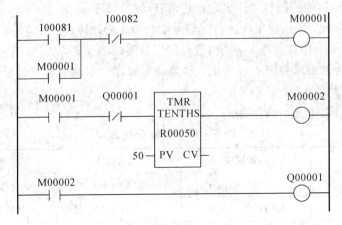

图 5 - 24 梯形图程序

【例 5 - 15】 鼓风机和引风机控制。开启时，先启动引风机，10 s 后自动启动鼓风机。停止时，先关断鼓风机，20 s 后自动关断引风机。

（1）I/O 分配表如表 5 - 13 所示。

表 5 - 13 I/O 分配表

输入触点	功能说明	输出线圈	功能说明
%I00081	系统启动按钮	%Q00001	引风机驱动信号
%I00082	系统停止按钮	%Q00002	鼓风机驱动信号

（2）程序如图 5 - 25 所示。

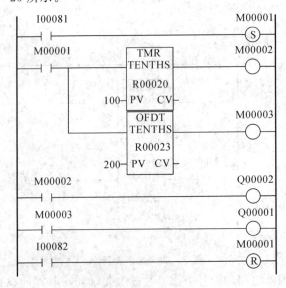

图 5 - 25 梯形图程序

【例 5 - 16】　设计一个延时时间为 1 a 的控制任务。

分析：在 GE PAC 中，单个定时器的最大计时范围是 32767 s，如果超过这个范围，可以考虑采用多个定时器级连或秒脉冲与计数器扩展的方法来扩展计时范围，梯形图程序如图 5 - 26 所示。

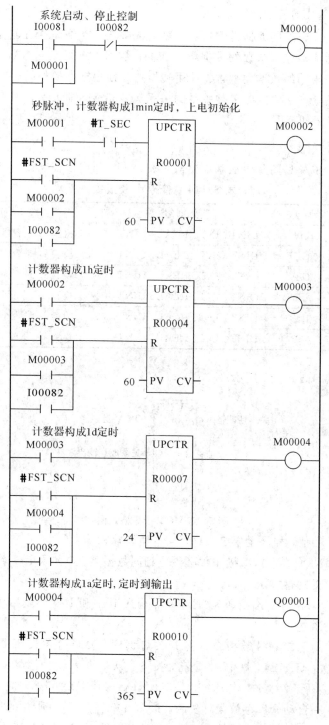

图 5 - 26　梯形图程序

5.5 PAC 关系运算和数学运算指令

5.5.1 关系运算指令

关系功能块是比较相同数据类型的两个数值或决定一个数是否在给定的范围内，原值不受影响。比较时应确保两个数的数据类型相同，数据类型可以是整数、长整数、实数或无符号数。要比较不同的数据类型首先使用转换指令使数据类型相同。

在 GE PAC 中有 3 种类型、7 种关系的关系运算指令，即大于、小于、等于、不等于、大于等于、小于等于和范围。

1. 普通比较指令

普通比较指令的梯形图及语法基本类似。表 5 - 14 列出了普通比较指令的 6 种关系。

表 5 - 14   普通比较指令

功 能	助记符	数据类型	描 述
等于	EQ	DINT、INT、REAL、UINT	检验 I1 是否等于 I2
大于等于	GE	DINT、INT、REAL、UINT	检验 I1 是否大于等于 I2
大于	GT	DINT、INT、REAL、UINT	检验 I1 是否大于 I2
小于等于	LE	DINT、INT、REAL、UINT	检验 I1 是否小于等于 I2
小于	LT	DINT、INT、REAL、UINT	检验 I1 是否小于 I2
不相等	NE	DINT、INT、REAL、UINT	检验 I1 I2 两个数是否相等

GT 指令格式如图 5 - 27 所示。

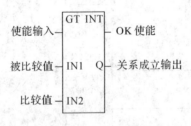

图 5 - 27   GT 指令格式图

比较 I1 和 I2 的值，如满足指定条件，且当使能输入为"1"时（无需上升沿跃变），比较输入 IN1 和输入 IN2 的值，这些操作数必须是相同数据类型，如果 IN1＞N2 该指令就接通到右边 Q 端置"1"否则置"0"。

当使能输入为"1"时，OK 端即为"1"，除非输入 IN1 和 IN2 不是数值。其他 5 种关系指令雷同，不在此赘述。

【例 5 - 17】 用比较和计数指令编写开关灯程序，要求灯控按钮 I0.0 按下一次，灯 HL1 亮，按下两次，灯 HL1，灯 HL2 全亮，按下三次灯全灭，如此循环。

程序如图 5 - 28 所示，%I00001 为灯控按钮，%Q00001、%Q00002 对应灯 HL1 和灯 HL2。

【例 5 - 18】 一自动仓库存放某种货物，最多 6000 箱，需对所存的货物进出计数。货物不多于 1000 箱，灯 HL1 亮；货物多于 5000 箱，灯 HL2 亮。请设计此程序。

程序如图 5-29 所示。%I00001 为进货传感器，%I00002 为出货传感器，%Q00001、%Q00002 对应灯 HL1 和灯 HL2。当计数器计数时，其当前值必须移送到另一个计数器的当前值寄存器中。

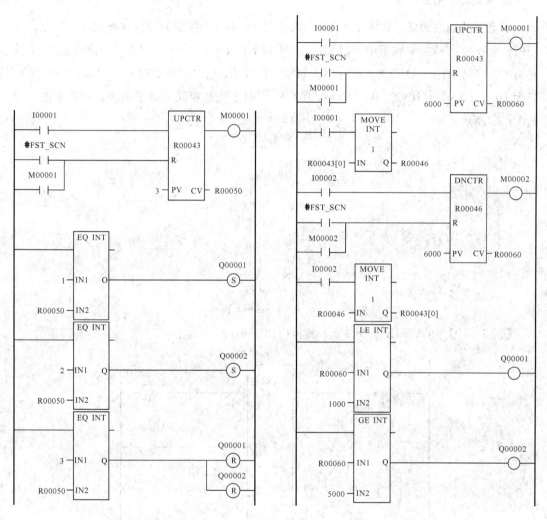

图 5-28 程序图   图 5-29 程序图

2. CMP 指令

CMP 指令可同时执行：I1＝I2，I1＞I2，I1＜I2 三种比较关系，其指令格式如图 5-30 所示。

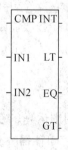

图 5-30 CMP 指令格式图

IN1 和 IN2 可以为 DINT、INT、REAL 或 UINT，但必须是相同的数据类型。CMP 指令的执行同普通关系指令。

3. RANGE 指令

当范围功能块激活，它将输入 IN 与操作数 L1 和 L2 限定的范围进行比较。L1 与 L2 中的任一个都可是上限或下限。当 L1 ≤ IN ≤ L2 或 L2 ≤ IN ≤ L1 时，输出参数 Q 设置为 ON(1)。否则，Q 设为 OFF(0)。如果操作成功，它向右传送能流。L1 、L2 和 IN 可以为 DINT、INT、UINT、WORD 或 DWORD，但必须是相同的数据类型，其指令格式如图 5 - 31 所示。

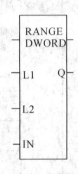

图 5 - 31　RANGE 指令格式图

【例 5 - 19】　RANGE 指令举例，其程序如图 5 - 32 所示。

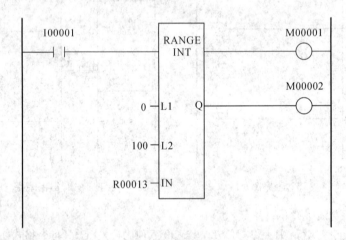

图 5 - 32　程序图

当 RANGE_INT 从常开触点％I00001 接收能量流，它测定％R00013 中的数值是否包含在 0 到 100 的范围内。只有 0≤％AI00050≤100 时，输出线圈％M00002 才打开。

5.5.2　数学运算指令

数学运算指令包括加、减、乘、除四则运算、绝对值、平方根及常用函数指令等。在使用一个数学或数字功能之前，编制的程序可能需要包含转换数据类型的逻辑。数学运算指令如表 5 - 15 所示。

表 5 - 15　数学运算指令

功　能	助记符	数 据 类 型	描　　述
绝对值	ABS	DINT、INT、REAL	求操作数 IN 的绝对值
加	ADD	DINT、INT、REAL、UINT	将两个数相加，输出和
减	SUB	DINT、INT、REAL、UINT	从一个数中减去另一个，输出差
乘	MUL	DINT、INT、REAL、UINT、MIXED	两个数相乘，输出积
除	DIV	DINT、INT、REAL、UINT、MIXED	一个数除于另一个数，输出商
平方根	SQRT	DINT、INT、REAL、UINT	计算操作数 IN 的平方根
模数	MOD	DINT、INT、UINT	一个数除于另一个数，输出余数
三角函数	SIN、COS、TAN	REAL、LREAL	计算操作数 IN 的正弦、余弦、正切，IN 以弧度表示
反三角函数	ASIN、ACO、ATAN	REAL、LREAL	计算操作数 IN 的反正弦、反余弦、反正切
角度/弧度转换	RAD、DEG	REAL、LREAL	将操作数 IN 进行角度与弧度转换并输出
指数	EXP、EXPT	REAL、LREAL	对操作数 e 以 10 为底求指数及求指数
对数	LOG、LN	REAL、LREAL	对操作数 IN 以 10 为底求对数及求自然对数

1. 加法指令

ADD 功能块将两个数相加，输出和，其指令格式如图 5 - 33 所示。

图 5 - 33　加法指令格式图

当 ADD 功能块接收能流时（无需上升沿跃变），指令就被执行，其将具有相同数据类型的两个操作数 IN1 和 IN2 相加并将总和存储在赋给 Q 的输出变量中。当 ADD 执行无溢出时，能流输出激活。

IN1，IN1 与 Q 是三个不同的地址时，Enable 端是长信号或脉冲信号对输出结果没有影响。当 IN1 或 IN1 之中有一个地址与 Q 地址相同时（即 IN1（Q）= IN1 + IN2 或 IN2（Q）= IN1 + IN2），Enable 端是长信号时，该加法指令成为一个累加器，每个扫描周期，执行一次，直至溢出；Enable 端是脉冲信号时，当 Enable 端为"1"时，执行一次。

当计算结果发生溢出时，Q 保持当前数型的最大值（如是带符号的数，则用符号表示是正溢出还是负溢出）如果 ADD_UINT 操作导致溢出，Q 设置为最小值。

【例 5－20】 加法指令举例。设计一个能计算开关％I00001 闭合次数的程序。图 5－34给出了一个方案，但不成功。

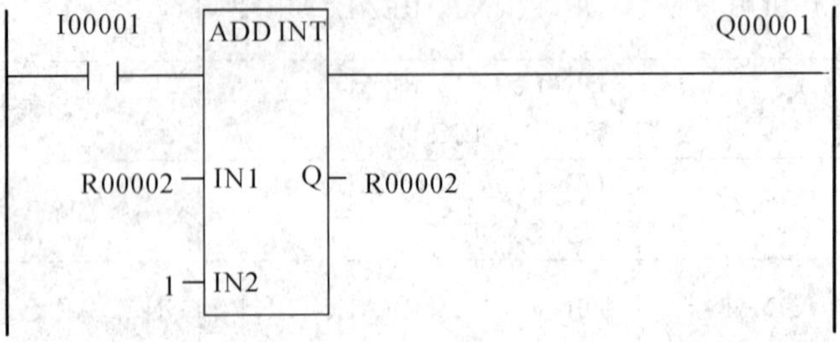

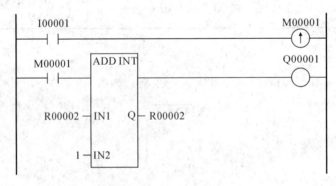

图 5－34 开关闭合次数程序

这个设计的目的是当％I00001 闭合时，ADD 指令将％R00002 中的数值加 1，并将新的数值返回到％R00002。这个设计的问题是％I00001 闭合时，ADD 指令执行一次时间为一个 PLC 扫描时间。所以，例如，％I00001 保持闭合状态 5 次扫描时间，输出就将增加 5 次，即使％I00001在那个时期只闭合了一次。

为了解决上述问题，ADD 指令的使能输入应该来自一个跳变（单触发）线圈，改良程序如图 5－35 所示。％I00001 输入开关控制一个跳变（单触发）线圈，％M00001 的触点接通 ADD 功能块的使能输入，每次扫描％M00001 使触点％I00001 闭合一次。为了使％M00001 的触点再次闭合，触点％I00001 只能再次打开和闭合。

图 5－35 改良的开关闭合次数程序

2. 乘法指令

MUL 功能块将两个数相乘，输出积，其指令格式如图 5－36 所示。

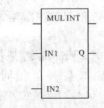

图 5－36 乘法指令格式图

当 MUL 功能块接收能流时(无需上升沿跃变),指令就被执行,其将具有相同数据类型的两个操作数 IN1 和 IN2 相乘并将积存储在赋给 Q 的输出变量中,积的数据类型与 IN1 和 IN2 相同。若两个 16 位的数相乘产生 32 位的结果,即 Q(32 BIT) ＝ IN1(16 BIT) ＊ IN2(16 BIT)时,选用 MUL_MIXED 功能块。

当 MUL 执行无溢出时,能流输出激活。当计算结果发生溢出时,输出值是带有某一符号的最大可能的数值,此时,能流不输出。

DIV 执行结果直接舍掉小数部分,不是取最接近的整数商。例如,24/5＝4。

3. 三角函数

PAC 提供 6 种三角函数,其指令格式和使用方法大致相同,现以正弦函数为例作一说明。正弦函数指令格式如图 5－37 所示。

图 5－37　正弦函数指令格式图

SIN 功能块用来计算输入为弧度的正弦。当这些功能模块接收到能流,它计算 IN 的正弦值并把结果存入输出点 Q 中。

【例 5－21】　将％R00035 中的值求正弦,结果存入％R00070 中,程序如图 5－38 所示。

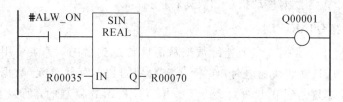

图 5－38　程序图

4. 角度、弧度的转换

当 DEG_TO_RAD 或 RAD_TO_DEG 使能激活,对输入 IN 的值作弧度或角度的转换,把结果放在输出点 Q 中。如果计算结果无溢出,DEG_TO_RAD 和 RAD_TO_DEG 向右传递能流,除非 IN 不是数字。DEG_TO_RAD 指令格式如图 5－39 所示。

图 5－39　角度向弧度转换指令格式图

％I、％Q、％M、％T、％G 不能用于 REAL 格式。

【例 5-22】 试编程实现 $(\cos 40° + \sin 60°) * e^5$ 的计算，程序如图 5-40 所示。

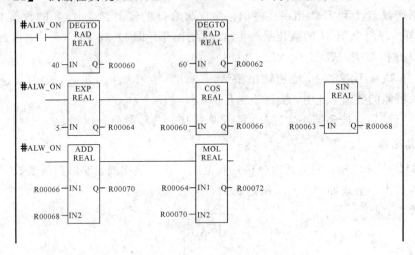

图 5-40 程序图

其他数学指令类似，详细功能见手册，在此不再赘述。

5.6 PAC 数据操作和位操作指令

5.6.1 数据操作指令

数据操作指令包含数据移动指令和数据转换指令。

1. 数据移动指令(MOVE)

传送指令可将单个数据或多个连续数据从源区传送到目的区，主要用于 PAC 内部数据的流转。当 MOVE 功能块通电时，它把指定数量的数据存储单元(数据长度)以单个位或字的形式从 IN 端复制到输出端 Q。由于数据以位的形式复制的，所以新的存储单元不必在同一个数据表中或与原数据表需要有相同的数据类型。例如可以从 %R 移动数据到 %I，反之亦然。MOVE 指令格式如图 5-41 所示。

图 5-41 MOVE 指令格式图

MOVE 指令的数据类型可以是 INT、UINT、DINT、BIT、WORD、DWORD 或 REAL。IN 端是被复制的对象，可以是 %I、%Q、%M、%T、%SA、%SB、%SC、%G、%R、%AI、%AQ 里面的数据或常数；Q 端为 %I、%Q、%M、%T、%SA、%SB、%SC、%G、%R、%AI、%AQ 里面的地址，不能为常数。MOVE_BOOL 允许的数据长度为 256 个位，其他最大为 256 个字。

【例 5-23】　请使用数据传输指令设计一个程序来实现：一个定时器在％I00081 闭合和断开时分别有 10 s 和 20 s 两个不同的定时时间，其程序如图 5-42 所示。

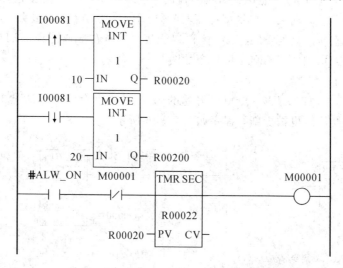

图 5-42　程序图

2. 块移动指令(BLKMOV)

当块传送功能块(BLKMOV)接收到能量流时，它复制由七个常量组成的块到开始于输出 Q 中指定的目的地址的连续存储单元。只要 BLKMOV 功能块使能激活，就向右传递能流。BLKMOV 指令的数据类型可以是 INT、UINT、DINT、WORD、DWORD 或 REAL。BLKMOV 指令格式如图 5-43 所示。

【例 5-24】　BLKMOV 指令举例，程序如图 5-44 所示。

该程序实现当％I00081 表示的输入使能端打开时，BLKMOV_INT 把七个输入常量复制到从％R00010 至％R00016 的存储单元。

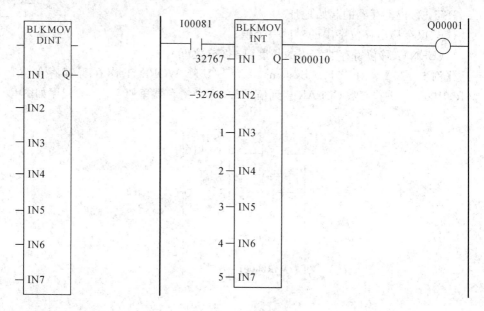

图 5-43　BLKMOV 指令格式图　　　　　图 5-44　程序图

3. 块清零指令（BLKCLR）

当块清零（BLKCLR）功能块接收到能流时，它就从 IN 开始的指定区域用零填充指定数据块。当要清零的数据来自布尔型存储器（%I、%Q、%M、%G 或 %T）时，和该区域相关的转变信息被刷新。只要 BLKCLR 接收到能量，就向右传递能流。BLKCLR 指令的数据类型只有 WORD 一种。BLKCLR 指令如图 5-45 所示。

数据长度为 1～256 字。

【例 5-25】 上电时，从 %Q00001 开始的 32 字的 %Q 存储器（512 点）都被置零。与这些区域相关的转换信息也被更新，程序如图 5-46 所示。

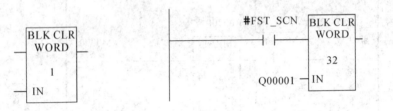

图 5-45　BLKCLR 指令　　　　　　　　　　图 5-46　程序图

4. 移位寄存器指令（SHFR）

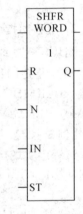

当移位寄存器（SHFR_BIT、SHFR_WORD、SHFR_DWORD）接收能流，R 操作数不接收时，移位寄存器从一个基准存储单元传送一个或多个的数据位、数据字或数据双字到一个指定存储区域。该区域中的原有的数据被移出。SHFR 指令如图 5-47 所示。

各端口含义如下：

R：复位端（该指令为复位优先指令）；

N：移入移位字串的数值；

IN：移入移位寄存器的第一个值；

ST：移位寄存器的起始地址；

Q：保存移出移位字串的最后一个值；

图 5-47　SHFR 指令

1（LEN）：移位寄存器字串的长度（1～256 之间）。

【例 5-26】 对于 PACSystems 系列 SHFR_WORD 工作在寄存存储区 %R00001～%R00100。当重置参数 CLEAR 接到信号时，移位寄存器里的字置零，程序如图 5-48 所示。

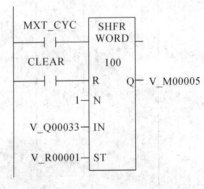

图 5-48　程序图

该程序实现：当 MXT_CYC 接到使能信号并且 CLEAR 没有接到，在％Q00033 处的
WORD 数据被转移到移位寄存器％R00001(由于 N＝1，只移动％Q00033WORD 数据)。
从移位寄存器％R00100(LEN＝100)移出的数据被存储到％M00005 中。

5. 翻转指令(SWAP)

该指令翻转一个字中高字节与低字节的位置或一个双字的前后位置，SWAP 指令的梯
形图如图 5－49 所示。

各端口含义如下：

IN：翻转前字串的起始地址；

Q：翻转后的字串起始地址；

1(LEN)：字串长度。

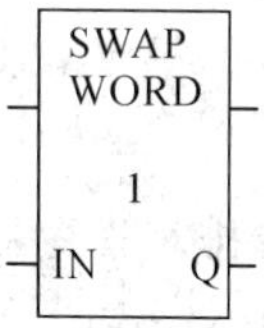

当使能输入为 1(无需上升沿跃变)，该指令执行情况如图

图 5－49　SWAP 指令的梯形图

5－50 所示。

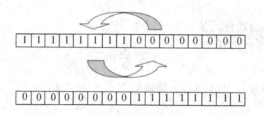

图 5－50　SWAP 指令执行示意图

该指令支持的数据类型：WORD、DWORD。

【例 5－27】　将地址％R00001 赋值 1，再将此地址中的数据经过两次翻转指令
(SWAP)，观察翻转之后的数据变化，程序如图 5－51 所示。

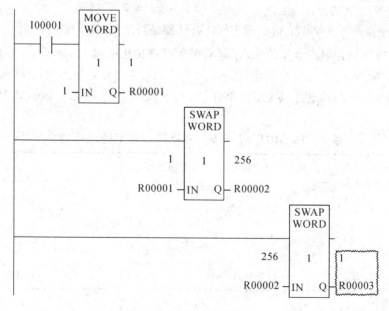

图 5－51　程序图

从程序执行情况也可以看出翻转指令 SWAP 确实实现了翻转一个字中高字节与低字节的位置或一个双字中两个字的前后位置功能。

5.6.2 位操作指令

位操作功能对 1 到 256 个占用相邻内存位置的 WORD 或 DWORD 数据执行操作。

位操作功能把 WORD 或 DWORD 数据当作一个连续的位串,第一个 WORD 或 DWORD 的第一位是最低位(LSB),最后一个 WORD 或 DWORD 的最后一位是最高位(MSB)。

1. 位排序指令(BIT_SEQ)

位排序(BIT_SEQ)功能执行从头到尾一连串的位序变化功能。每个 BIT_SEQ 指令需要一个一维的、由三个字数组排列的存储器分别存储当前步数、位列长度和控制字。BIT_SEQ指令如图 5-52 所示。

各端口含义如下:

????:控制块的起始地址,是一个 3 个字的数组;

R:复位端,该指令复位优先;

DIR:控制字串移动方向,为 1 向左移,为 0 向右移;

N:当 R 激活时,置入 BIT_SEQ 的步数的值。缺省值为 1。
$1 \leqslant N \leqslant$ Length;

ST:移位字串的起始地址;

1(LEN):移位字串的长度,1~256。

如果 ST 在%M 存储器里,长度是 3 的话,BIT_SEQ 占用 3 位,字节里的其他 5 个位不用,因为%M 存储器是按位访问的。如果 ST 在%R 存储器里,长度是 17 的话,BIT_SEQ 用完%R1 和 %R2存储器全部的 4 个字节,这是因为%R 存储器是按字访问的。

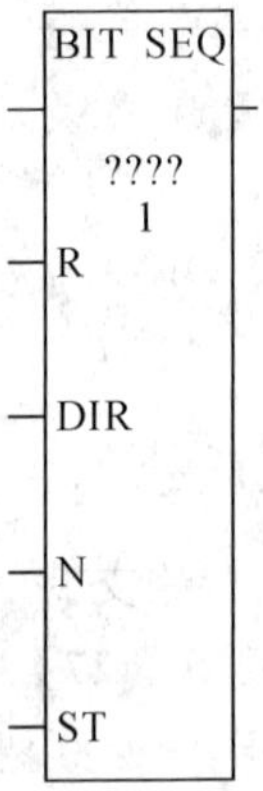

图 5-52　BIT_SEQ 指令

BIT_SEQ 的执行取决于复位输入端(R)的值和使能电流输入端(EN)的前周期值及当前值的状态,即 BIT_SEQ 指令的执行需要上升沿跳变,复位输入端(R)优先于使能电流(EN)的输入,总可以对定序器复位。BIT_SEQ 指令在不同状态下运行情况如表 5-16 所示。

表 5-16　BIT_SEQ 指令在不同状态下的运行情况

R 当前状态	EN 前周期状态	EN 当前状态	位定序器状态
ON	ON/OFF	ON/OFF	位定序器复位
OFF	OFF	ON	位定序器增/减 1
		OFF	位排序不执行
	ON	ON/OFF	位排序不执行

当 R 端导通,N 值指定的步数位置 1,其他置为 0。当 R 端不导通,EN 为上升沿跳变,N 值指定的步数置 0,N+1 或 N-1 步数置 1,取决于方向操作数(DIR)。

【例 5-28】　BIT_SEQ 指令举例，程序如图 5-53 所示。

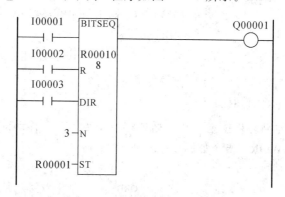

图 5-53　程序图

BIT_SEQ 对存储寄存器％R00001 操作。它的静态数据存储在存储器％R00011 和％R00012中。当％I00002 激活时，BIT_SEQ 复位，当前步数置位 N＝3，％R0001 的第 3 位置为 1，其余位置为 0。当％I00001 激活而％I00002 不激活时，步数 3 的位清零，步数 2 或步数 4 的位置 1（取决于％I00003 是否激活）。

2. 移位指令(SHIFTL、SHIFTR)

一个固定位数的字或字串里的位左移或右移。SHIFTL 指令如图 5-54 所示。

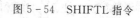

各端口含义如下：

1(LEN)：移位字串长度，1～256；

IN：需移位字串的起始地址；

N：每次移位移几位（大于 0，小于 LEN）；

图 5-54　SHIFTL 指令

B1：移入字串的位的值，0 或 1（为一继电器触点）；

B2：溢出位（保留最后一个溢出位）即最后一个移出字串的位的值；

Q：移位后的值的地址（如要产生持续移位的效果，Q 端与 IN 端的地址应该一致）。

当左移模块（SHL_WORD）接收到能流时（无需上升沿跃变），该指令执行移位操作，在每个扫描周期中它将 IN 端开始的字串复制到 Q 中，并向左移动 N 位。当移位执行时，所指定的位数将向左移并移出字串的高位（MSB），相同数量的位将移入字串的低位（LSB）。

【例 5-29】　SHIFTL 指令举例，程序如图 5-55 所示。

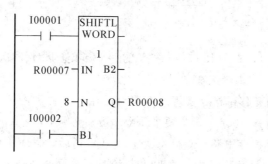

图 5-55　程序图

只要输入％I00001 被置 1，从％R00007 开始的输入位串被复制到从％R00008 开始的输出位串。根据输入值 N，％R00008 左移 8 位，输出位串开始的第一个位被置入％I00002 的值。

右移指令与左移指令除了移动方向不同外别的操作功能几乎相同，在这里不多做介绍。

3. 循环移位指令(ROL、ROR)

循环移位指令分左循环移位指令和右循环移位指令，除了移动的方向不一致外，其余参数都一致。ROL_DWORD 指令如图 5-56 所示。

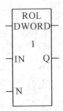

图 5-56　ROL_DWORD 指令

各端口含义如下：

1(LEN)：移位字串长度，1～256；

IN：需移位字串的起始地址；

N：每次移位移几位(大于 0，小于 LEN)；

Q：移位后的值的地址(如要产生循环移位的效果，Q 端与 IN 端的地址应该一致)。

当使能输入有效时，循环右移功能模块(ROR_DWORD 和 ROR_WORD)和循环左移功能模块(ROL_DWORD 和 ROL_WORD)将分别向右循环或向左循环一个单字或双字串的 N 位，指定的位数从输入字串一端移出，回到字串的另一端。

【例 5-30】　循环移位指令举例，程序如图 5-57 所示。

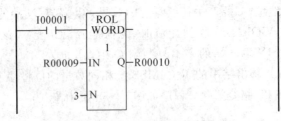

图 5-57　程序图

只要％I00001 被置 1，在％R00009 输入的字串向左循环 3 次，并且把结果送给％R00010，而实际的输入字串％R00009 没有变化。

【例 5-31】　运用循环移位指令实现 8 个彩灯的循环左移和右移。其中％I00081 为启停开关，输出为％Q00001～％Q00008，要求每隔 2.5 s 亮一个，％I00082 控制移位方向。

分析：首先建立定时振荡电路，使得每次定时时间到后，循环移位指令开始移位。循环移位在每个定时时间内只移位一次。在程序开始时，必须给循环存储器赋初值，比如开始时，只有最低位的彩灯亮(为 1)。梯形图程序如图 5-58 所示。

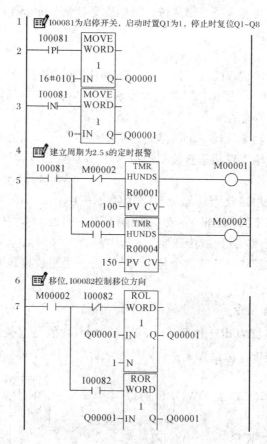

图 5-58　梯形图程序

4. 逻辑运算功能块

逻辑运算功能块有与、或、非、异或操作,数据类型有 WORD 或 DWORD。指令如图 5-59 所示。

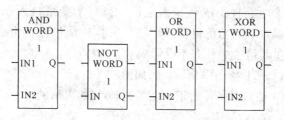

图 5-59　逻辑运算指令

每次逻辑运算功能块有使能输入,逻辑运算功能检查在 IN1 和 IN2 位串中相应的位,从位串最小有效位开始。串长可以确定在 1 到 256 个 WORD 或 DWORD 之间。IN1 和 IN2 位串可以部分重叠。

1) 逻辑"与"

如果逻辑"与"功能检查的两个位都是 1,"与"功能块在输出位串 Q 中相应的位置放入 1。如果这两个位有一个是 0 或者两个都是 0,"与"功能块在输出位串 Q 中相应的位置放入 0。"与"功能块只要使能激活,就传递能流。

可以利用逻辑"与"功能屏蔽或筛选位，仅有某些对应于屏蔽控制字中1的位状态信息可以通过，其他位被置0。

2）逻辑"或"

如果逻辑"或"功能块检查的任一位是1，逻辑"或"功能块在输出位串Q中相应的位置放入1。如果两个位都是0，逻辑"或"功能块在输出位串Q中相应的位置放入0。逻辑"或"功能使能激活，就向右传递能流。

可以利用逻辑"或"功能设计一个简单的逻辑结构组合串或者控制很多输出，例如可以利用逻辑"或"功能根据输入点状态直接驱动指示灯，或使状态灯闪烁。

3）逻辑"异或"

当逻辑"异或"功能块接收到信息流时，就对位串IN1和IN2中每个相应的位进行比较。如果某对位的状态不同，逻辑"异或"功能块就在输出位串Q中相应的位置放入1。逻辑"异或"功能块使能激活，就向右传递能流。

可以利用逻辑"异或"快速比较两个位串，或者使一个组位以每两次扫描一次ON的速率闪烁。

5. 位置位与位清零指令

位置位（BIT_SET_DWORD和BIT_SET_WORD）功能是把位串中的一个位置1。位清零功能是通过把位串中一个位置0来清除该位，指令如图5-60所示。

各端口含义如下：

LEN：在位串里WORD或DWORD的数目，1~256；

IN：要处理的数据第一个WORD或DWORD；

BIT：在IN里置位或清零的位数。对于WORD1 $\leqslant$ BIT $\leqslant$ （16 * Length）。对于DWORD1 $\leqslant$ BIT $\leqslant$ （32 * Length）。

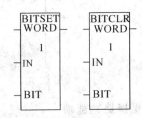

图5-60 位置位和位清零指令

每次使能激活，该功能置位或清零指定位。当一个变量是大于用来指定位数的常数时，通过连续扫描可以对不同的位置位或清零。一旦一个位被置位或清零，这个位的状态就会被刷新，而位串里其他位的状态不受影响。

【例5-32】 BIT_SET指令举例，程序如图5-61所示。

只要输入％I00001被置位，开始于用变量％R00040表示的％R00040的位串的第12位被置1。

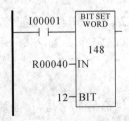

图5-61 BIT_SET指令举例

5.7　PAC 其他功能指令

1. 数据转换指令

转换功能把一个数据项目从一种数字格式（数据类型）变为另一种数字格式（数据类型）。很多程序指令，像数学函数等，必须使用一种类型的数据，因此在使用这些指令前转换数据是必要的，常用指令如图 5-62 所示。

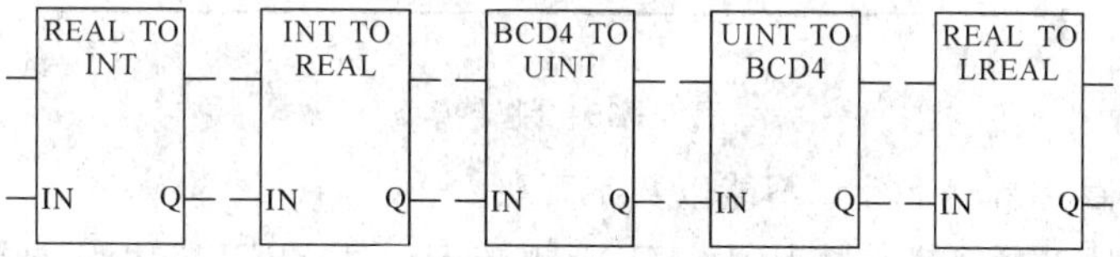

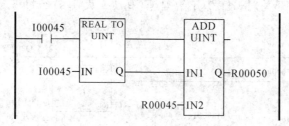

图 5-62　数据转换指令

当 REAL_TO_INT 使能激活时，把输入的 REAL 数据按照四舍五入的原则转换为最近的带符号单精度整数（INT）值，并在 Q 点输出。REAL_TO_INT 不改变 REAL 原始数据。

当 UINT_TO_BCD4 功能块使能激活时，把输入的 UINT 或 INT 数据转换为等效的 BCD4，并在 Q 点输出。

由于指令功能类似，其他转换指令在此不再罗列，详见手册。

【例 5-33】　REAL_TO_UINT 指令举例，程序如图 5-63 所示。

```
  I00045        REAL TO           ADD
   | |           UINT             UINT

  I00045 ─IN        Q ───────────IN1  Q─R00050

                              R00045─IN2
```

图 5-63　程序图

只要输入％I00045 被置位，在％L00045 里的 REAL 值被转换为一个 UINT，被传送到 ADD_UINT 功能块中，然后和％R00045 里的 UINT 值相加，总和通过 ADD_UINT 送到％R00050中输出。

2. 注释指令

COMMENT 注释功能被用来在程序中加入一个文本解释。把一个注释指令插入 LD 逻辑中时，显示????。键入一个注释之后，头几个字被显示，指令如图 5-64 所示。

图 5-64　COMMENT 指令

因为注释不能下载到 PAC 中，故可在线或离线编辑注释，效果相同。

3. 跳转指令

跳转指令可以使 PLC 编程的灵活性大大提高，使主机可根据不同条件的判断，选择不同的程序段执行程序。跳转指令由 JUMPN 和 LABELN 组成，如图 5-65 所示。

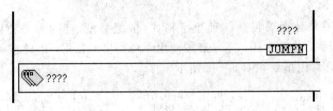

图 5-65 跳转指令

???? 跳转的目标标号名字，不能以数字开头。

当跳转激活时，能量流直接从 JUMPN 跳转到由 LABELN 指定梯级，在 JUMP 和 LABEL 之间的任何功能块都不执行。在 JUMPN 和与其相关的 LABELN 之间的所有线圈都保持它们先前的状态，包括与定时器、计数器、锁存器和继电器相关联的线圈。

任何 JUMPN 能向前跳转也能向后跳转，也就是说，LABELN 既能在前面梯级中也能在后面梯级中。跳转指令及标号必须同时在主程序内或在同一子程序内，同一终端服务程序内，不可由主程序跳转到中断服务程序或子程序，也不可由中断服务程序或子程序跳转到主程序。

【例 5-34】 用 JUMPN 指令编写一个程序：当闭合控制开关时，灯 1 亮，经过 10 s 后灯 1 灭。当断开控制开关时，灯 2 开始闪烁(亮 1 s 灭 1 s)经过 5 s 后灯 2 灭。程序如图 5-66 所示。

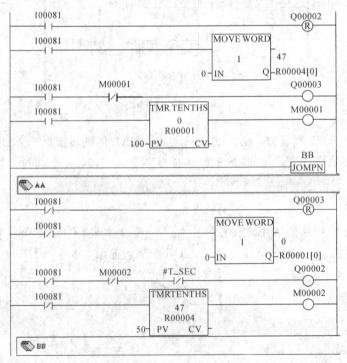

图 5-66 程序图

4. 调用子程序指令(CALL)

通过调用子程序(CALL)指令可以实现模块化程序的功能。CALL 指令可以使程序转入特定的子程序块。执行调用之前，被调用的块必须存在。

首先在 Logic→Program Blocks 下建立子程序块，如图 5-67 所示。

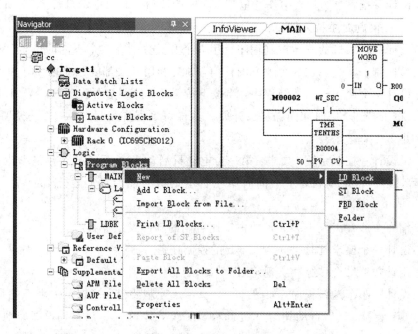

图 5-67 添加子程序块

其次在子程序块 LDBK 中建立子程序，子程序的命名必须以字母开始，如图 5-68 所示。最后在 MAIN 中调用子程序，如图 5-69 所示。

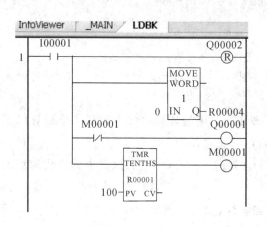

图 5-68 编写子程序

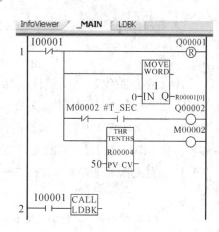

图 5-69 调用子程序 LDBK

只要有足够的执行栈空间，CPU 就允许进行嵌套调用。如果没有足够的栈空间支持程序块调用，会产生一个"堆栈溢出"故障。这种情况下，CPU 不能执行这个程序块。CPU 会将这个模块的所有二进制输出设为 FALSE，并且继续执行程序块调用指令之后的程序。

习 题

5.1 PAC 都有哪些存储区域？哪些是按位访问？哪些是按字访问？

5.2 设计一抢答器，三人中任意抢答，谁先按按钮，谁的指示灯优先亮，且只能亮一盏灯，进行下一问题时主持人按复位按钮后，所有灯灭，下一轮抢答开始。

5.3 设计一走廊灯的三地控制程序。用 3 个开关分别在 3 个不同的位置(每个地方只有 1 个开关)控制一盏灯。在 3 个地方的任何一地，利用开关都能独立地开灯和关灯。

5.4 设计一个照明灯的控制程序，当按下按钮后，照明灯可发光 30 s，如果在这段时间内又有人按下按钮，则时间间隔从头开始。这样可确保在最后一次按完按钮后，灯光维持 30 s 照明。

5.5 试设计一控制系统，要求：第一台电动机启动 10 s 后，第二台电动机自动启动，运行 5 s 后，第一台电动机停止，同时第三台电动机自动启动，运行 15 s 后，全部电动机停止。

5.6 编一个 2 s ON，4 s OFF 的占空比可调的脉冲发生器程序。

5.7 设计一个要求延时时间为 1.5 h 的控制任务。

5.8 用计数器结合秒脉冲实现定时 30 d，绘制梯形图。

5.9 设计一小车送料程序，如图 5-70 所示。控制要求：当按下启动按钮后，小车在原地停留 15 s 装料，然后自动驶向 A 处卸料，在 A 处停留 10 s 后自动返回原地装料，15 s 后自动驶向 B 处，在 B 处停留 10 s 卸料后，又返回原处装料，15 s 后自动驶向 C 处，在 C 处停留 10 s 卸料后，又返回原处停止；当再次按下启动按钮后，重复上述动作；可随时手动停车。

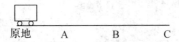

原地　　　A　　　B　　　C

图 5-70 小车送料程序示意图

5.10 请仿照例 5-24，设计一计数器实现：计数器在％I00081 闭合和断开时分别有100 次和 120 次两种不同的计数次数。

5.11 编写实现走马灯的梯形图程序。要求：运用循环移位指令实现 4 个彩灯的循环左移和右移，即每经过 4 s 的时间间隔，亮灯的状态移动到下一位。

5.12 完成算术运算："(235.5＋125.0)×13.7 ÷ 7.8＝ ?"；试画出其完成运算的梯形图。

5.13 根据舞台灯光效果的要求，控制红、绿、黄三色灯。要求：红灯先亮，2 s 后绿灯亮，再过 3 s 后黄灯亮。待红、绿、黄灯全亮 3 min 后，全部熄灭。

5.14 多级皮带运输机控制。如图 5-71 所示是一个四级传送带系统示意图。整个系统有四台电动机 M1、M2、M3、M4，落料漏斗 Y0 由一阀控制。控制要求如下：

(1) 落料漏斗启动后，传送带 M1 应马上启动，经 6 s 后需启动传送带 M2；

（2）传送带 M2 启动后 5 s 后应启动传送带 M3；

（3）传送带 M3 启动后 4 s 后应启动传送带 M4；

（4）落料停止后，应根据所需传送时间的差别，分别隔 6 s、5 s、4 s、3 s 将四台电机停车。要求画出简单的 I/O 分配以及 PLC 外围接线图，并编写梯形图实现控制任务。

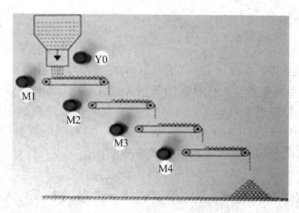

图 5-71　四级传送带系统示意图

5.15　利用子程序调用功能实现彩灯如下控制功能：

（1）前 64 s，16 个输出％Q00001～％Q00016），初态为％Q00001 闭合，其他打开，依次从最低位到最高位移位闭合，循环 4 次；

（2）后 64 s，16 个输出％Q00001～％Q00016），初态为％Q00016 和％Q00015 闭合，其他打开，依次从最高位到最低位两两移位闭合，循环 8 次。

第6章 PAC 人机界面与 iFIX 组态

　　人机界面(Human Machine Interaction，简称 HMI)就像一扇窗，是指人和机器在信息交换和功能上接触或互相影响的媒介和对话接口，也是操作人员和 PAC 之间对话的接口。近年来，随着电子技术的发展，人机界面的价格大幅度下降，其应用越来越广泛，目前已经广泛地应用于工农业生产以及日常生活中，已经成为现代工业控制不可缺少的设备之一。本章主要介绍了 GE 公司的 QuickPanel View/Control 触摸屏以及上位机 iFIX 组态软件的使用方法。通过本章的学习，读者可以掌握人机界面的使用以及设计方法。

6.1　人机界面与组态软件介绍

　　人机界面也称为用户界面或使用者界面，从广义上来说是指人与计算机(包括 PLC)之间传递、交换信息的媒介和对话接口，是计算机系统的重要组成部分。人机界面是系统和用户之间进行交互和信息交换的媒介，它实现信息的内部形式与人类可以接受形式之间的转换。凡参与人机信息交流的领域都存在着人机界面。

　　在控制领域，人机界面一般是指操作人员与控制系统之间进行对话和相互作用的接口设备。人机界面可以用字符、图形和动画形象生动地动态显示现场数据和状态，操作人员通过输入单元(比如触摸屏、键盘、鼠标等)发出各种命令和设置的参数，通过人机界面来控制现场的被控对象。此外人机界面还有报警、数据存储、显示和打印报表、查询等功能。人机界面可以在比较恶劣的工作环境中长时间地连续运行，一般安装在控制屏上，能够适应恶劣的现场环境，可靠性好，是 PLC 的最佳搭档。如果在工作环境条件较好的控制室内，也可以采用计算机作为人机界面装置。

　　随着工业自动化技术和计算机的发展，需要计算机对现场控制设备(比如 PLC、智能仪表、板卡、变频器等)进行监控的要求越来越强烈，于是数据采集与监视控制(Supervisory Control And Data Acquisition，简称 SCADA)系统应运而生。凡是具有数据采集和系统监控功能的软件，都可以称为组态软件，它是建立在 PC 基础之上的自动化监控系统，SCADA 系统的应用领域很广，它可以应用于电力系统、航空航天、石油、化工等领域的数据采集与监视控制以及过程控制等诸多领域。

6.1.1　人机界面与触摸屏

　　人机界面是自动化系统的标准配置，是操作人员与控制对象之间双向沟通的桥梁，很多的工业控制对象要求控制系统具有很强的人机界面功能，用来实现操作人员与控制系统之间的对话和相互作用。人机界面装置可以显示控制对象的状态和各种系统信息，也可以接收操作人员发出的各种命令和设置的参数，并把它们传送到 PLC。人机界面一般都安装在控制柜上，所以其必须能够适应比较恶劣的现场环境，对其可靠性的要求也比较高。

过去人们将常用按钮、开关和指示灯等作为人机界面，而这些装置提供的信息量比较少，操作困难，需要技术熟练的操作人员来操作。现在的人机界面几乎都使用液晶显示屏，小尺寸的液晶显示屏只能显示数字和字符，称为文本显示器(Text Display，TD)，大一些的可以显示点阵组成的图形，显示器颜色有单色、8 色、16 色、256 色或更多颜色。

触摸屏是人机界面的发展方向，是一种最新的电脑输入设备，它是目前最简单、方便、自然的一种人机交互方式。触摸屏输入是靠触摸显示器的屏幕来输入数据的一种新颖的输入技术。用户可以在触摸屏的画面上设置具有明确意义和提示信息的触摸式按键。其优点是操作简便直观、面积小、、坚固耐用和节省空间。

触摸屏由触摸检测部件和触摸屏控制器组成；触摸检测部件安装在显示器屏幕前面，用于检测用户触摸位置，接收后送到触摸屏控制器。而触摸屏控制器的主要作用是从触摸点检测装置上接收触摸信息，并将它转换成触点坐标，再送给 CPU，它同时能接收 CPU 发来的命令并加以执行。按照触摸屏的工作原理和传输信息的介质，把触摸屏分为四种，它们分别为电阻式、电容感应式、红外线式以及表面声波式。每一类触摸屏都有其各自的优缺点，要了解哪种触摸屏适用于哪种场合，关键就在于要懂得每一类触摸屏技术的工作原理和特点。具体的相关知识读者可以参阅相关的专业资料来进一步熟悉。在控制系统中主要是以应用为主。

6.1.2　人机界面的组成

人机界面由硬件和软件共同组成。

(1) HMI 硬件：一般分为运行组态软件程序的工控机(或 PC)和触摸屏两大类。

(2) HMI 软件：运行于 PC Windows 操作系统下的组态软件，比如 GE 公司的上位机 iFIX 组态软件、西门子公司的组态软件 WinCC；运行于触摸屏上的组态软件，不同公司的触摸屏有不同的组态软件，比如西门子触摸屏的组态软件 WinCC Flexible、台达触摸屏编程软件 ScreenEditor、GE 公司的 QuickPanel View/Control 触摸屏仍旧在 PME 软件中进行开发编程。

6.2　PAC 人机界面的基本结构

QuickPanel View/Control(触摸屏)是当前最先进的紧凑型控制计算机，将可视化和控制结合到一个平台，也可以说是带控制功能的触摸屏。它提供不同的配置来满足使用需求，既可以作为全功能的 HMI(人机界面)，也可以作为 HMI 与本地控制器和分布式控制器应用的结合。无论是网络环境还是单机单元，QuickPanel View/Control 都是工厂级人机界面及控制得很好的解决方案。

QuickPanel View/Control 采用 Windows CE.NET 作为其操作系统，它是一个图形界面的完全 32 位的操作系统，是 Win32 应用编程接口的一个子集，简化了现有软件从 Windows 其他版本的移植过程。

QuickPanel View/Control 提供了从 6"到 15"各种尺寸的显示器，可选择单色、STN 色或 TFT 色显示，可扩展内存和各种现场总线卡以及微型闪存，QuickPanel View/Control 配有各种类型的存储器来满足甚至是最为苛刻的应用。

QuickPanel View/Control 是为最大限度的灵活性而设计的多合一微型计算机。基于先进的 Intel® 微处理器，将多种 I/O 选项结合到一个高分辨率的操作员接口。通过选择这些标准接口和扩展总线，可以将它与大多数的工业设备连接。QuickPanel View/Control 的诸多特性使它成为应用领域里最好的选择。下面以 6" QuickPanel View/Control 为例介绍其结构。QuickPanel View/Control 的外观如图 6-1 所示，其 CF 卡插槽及各端口布局图如图 6-2 和图 6-3 所示。

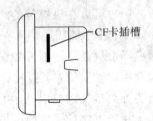

图 6-1 6" QuickPanel View/Control 的外观图   图 6-2 QuickPanel View/Control 的 CF 卡插槽

QuickPanel View/Control 工作时由外部提供 24 VDC 工作电压，通过电源插孔接入，如图 6-4 所示为电源接线布局。

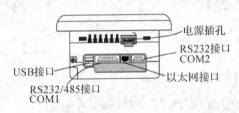
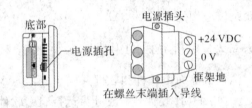

图 6-3 端口布局图   图 6-4 电源接头插线图

QuickPanel View/Control 可以通过以太网、串行接口或现场总线（Profibus/DeviceNet/Genius）与 PAC 之间建立通信。其所配置的端口说明如下：

（1）CF 端口。QuickPanel View/Control 装备了一个 CF（Compact Flash）端口，可以插入附加的闪存卡来增加其容量。通过 CF 卡拷贝工程，可以实现 Machine Edition 工程在各 QuickPanel View/Control 模块间的转移。

（2）串行数据通信端口 QuickPanel View/Control 有两个串行数据通信端口，即 COM1 和 COM2。

COM1 端口是普通用途的双向串行数据通道，支持 EIA232C 和 EIA485 电气标准，COM1 端口可以直接或拨号与远程网络连接，也可以作为终端会话使用的端口（仅限调制解调器连接），或通过用户创建的应用程序进行访问和配置。配置后可以连接支持 TCP/IP 协议的网络。

COM2 端口为 DB9P 公连接器。

（3）USB 端口。QuickPanel View/Control 有两个全速的 USB V1.1 主机端口，可使用多种第三方 USB 外围设备。每个 USB 设备都有其特定的驱动程序。

QuickPanel View/Control 自带了可选的键盘支持驱动，其他设备需要安装特定的驱动软件。

（4）以太网端口。QuickPanel View/Control 有一个 10/100BaseT 自适应以太网端口（IEEE802.3），可以通过外壳底部的 RJ45 连接器将以太网电缆（无屏蔽，双绞线，UTP CAT 5）连接到模块上。端口上的 LED 指示灯指示通道状态，可以通过 Windows CE 网络通信或用户应用程序访问端口。

第一次启动 QuickPanel View/Control 时，需要先进行一些配置。将 24 VDC 电源适配器供上交流电，一旦上电，QuickPanel View/Control 就开始初始化。首先出现在屏幕上的是启动画面，如图 6－5 所示。如果想跳过开始文件夹下的所有程序，点击"Don't run StartUp programs"，启动屏幕将在 5 s 后自动消失，展现 Windows CE 桌面，如图 6－6 所示。

图 6－5　启动画面

图 6－6　Windows CE 桌面

首次对 QuickPanel View/Control 进行设置的步骤如下所示：

（1）点击 ![Start] 开始，指向 ![Settings] 设置，点击 ![Control Panel] 控制面板。

（2）在控制面板上，双击 ![Display] 配置 LCD 显示屏。

（3）在控制面板上，双击 ![Stylus] 配置触摸屏。

（4）在控制面板上，双击 ![Date and Time] 配置系统时钟。

（5）在控制面板上，双击 ![Network and Dial-up Connections] 配置网络设置。

（6）在桌面上，双击 ![Backup] 保存所有最新的设置。

下面重点介绍配置 QuickPanel View/Control 的 IP 地址的方法。有两种方法可以在 QuickPanel View/Control 上配置 IP 地址：DHCP 和手动方法。DHCP 是自动完成的默认方法，手动方法即手动配置特殊的地址、子网掩码和默认网关。具体操作步骤如下：

（1）单击 QuickPanel View/Control 左下角 ![Start] 开始图标，选择"Settings"菜单，如图 6－7 所示。

（2）点击"Network and Dial－up Connection"选项，显示"Connection"窗口，如图6－8所示。

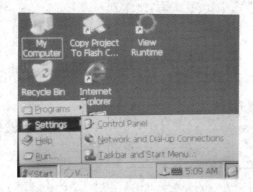

图 6－7　"Settings"菜单

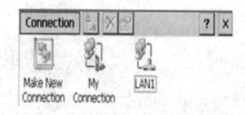

图 6－8　"Connection"窗口

（3）然后选择并双击 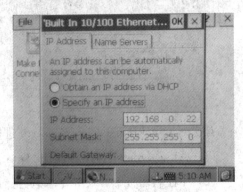 图标，出现"Built In 10/100 Ethernet…"对话框。选择一种方法：Obtain an IP address via DHCP（自动）或 Specify an IP address（手动）。建议选择手动方式输入，便于通信。

选择"Specify an IP address"选项，键入从网络管理员处得到的 IP Address、Subnet Mask 和 Default Gateway（仅适用于手动输入），可以通过 QuickPanel View/Control 右下角的键盘输入数字。

注意：该 IP 地址必须与 PC 和 PAC 的 IP 地址在同一网段中，且不能相同，如图 6-9 所示。

输入完后点击"OK"，运行 Backup 程序保存设置。重启 QuickPanel View/Control 即可完成 QuickPanel View/Control 的 IP 地址配置。

如果选择 DHCP 方法，QuickPanel View/Control 在初始化过程中，网络服务器会自动分配一个 IP 地址。当连接到网络上时，网络服务器自动分配一个 IP 地址。

为 QuickPanel View/Control 分配了一个 IP 地址后，用网线连接 PC 机与 QuickPanel View/Control 后，就可以访问任何有权限的网络驱动器或共享资源，还可以在 PC 机的 DOS 窗口中输入"ping 192.168.0.22"指令来检查 IP 地址的设置是否正确。

图 6-9　"Built In 10/100 Ethernet…"对话框

6.3　PAC 人机界面的工程应用

PAC 人机界面的开发环境也是在 PME 软件中完成的，但是在安装 PME 软件时必须选择 View 组件，如图 6-10 所示。选择默认安装时已经包括了该组件。

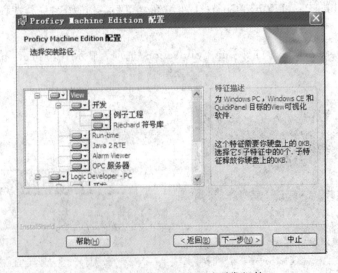

图 6-10　安装 QuickPanel 开发组件

下面以电机的正反转控制为例介绍在 PME 软件中进行人机界面工程开发的步骤。

1. 编制控制程序

（1）启动 Proficy Machine Edition 软件，新建工程，命名为"电机正反转控制"。在此工程中，新建任务 Target1，控制器选择为 PACSystems RX3i，如图 6-11 所示。

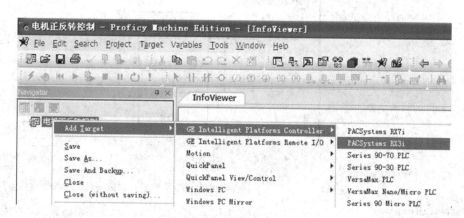

图 6-11　新建工程控制器选择菜单

（2）硬件配置。依据 PACSystems RX3i 的实际硬件配置，在 Proficy Machine Edition 软件中对硬件进行组态。

（3）建立变量表。需要建立的变量表如表 6-1 所示，建立后的变量表如图 6-12 所示。

表 6-1　I/O 地址、变量表

序号	类型	描述	物理地址	变量名称
1	输入	正转启动按钮	%M00001	Forward_start
2	输入	反转启动按钮	%M00002	Reverse_start
3	输入	停止按钮	%M00003	Stop
4	输出	正转接触器线圈	%Q00002	Relay_FRW
5	输出	反转接触器线圈	%Q00001	Relay_REV

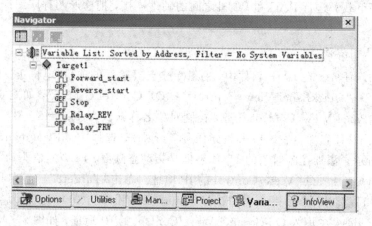

图 6-12　建立后的变量表

（4）编写梯形图程序。梯形图程序结构采用主程序子程序结构，两个子程序命名为 Forward_m… 和 Reverse_m…。主程序如图 6-13 所示，子程序如图 6-14 中的（a）和（b）所示。

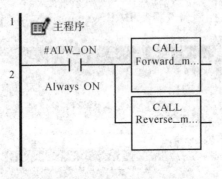

图 6-13　主程序

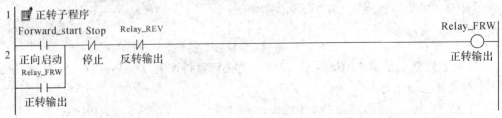

（a）正转子程序

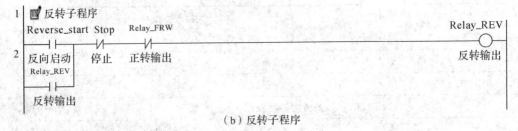

（b）反转子程序

图 6-14　子程序

（5）程序下载。进行 PAC 和 PC 机之间的硬件连接，把梯形图程序编译并下载到 PAC 中，准备运行。

2. 绘制人机界面

（1）添加新任务。在 PME 软件中，右键单击已经建好的项目"电机正反转控制"，选择"Add Target"→"QuickPanel View/Control"→"QP Control 6″TFT"，如图 6-15 所示，建立一个 QuickPanel View/Control 任务，控制对象名称默认为 Target2。

（2）添加 HMI 组件。右键单击新建任务 Target2，选择"Add Component"→"HMI"，如图 6-16 所示。添加控制对象的 HMI 组件是指动态画面、PLC 通信驱动等。

（3）添加 QuickPanel View/Control 的 IP 地址。单击"Target2"，选择"Properties"，出现其属性窗口。将其属性栏中的"Use Simulator（用户仿真）"选择为"False"，并在"Computer Addess"中填入 QuickPanel View/Control 的 IP 地址，如图 6-17 所示，这个地址要和硬件配置图 6-9 中的地址一致，即要与 QP 硬件的 IP 地址匹配。

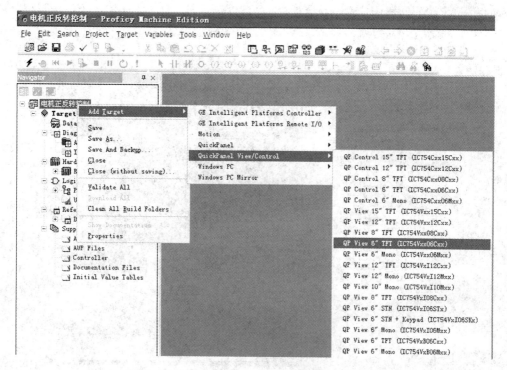

图 6 - 15　建立 QuickPanel View/Control 控制对象

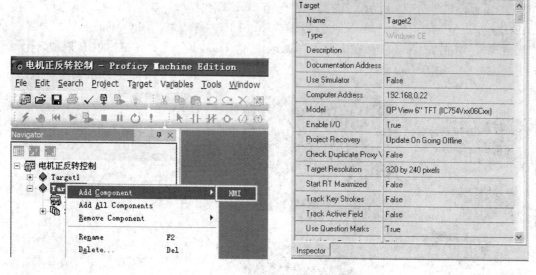

图 6 - 16　添加 HMI 组件　　　　图 6 - 17　添加 QuickPanel View/Control 的 IP 地址

如将"Use Simulator"选择为 True，下载运行时不写 QP 硬件的 IP 地址，而使用软件在计算机上仿真显示。

（4）添加 PLC 驱动。左键单击"PLC Access Drivers"前面的"＋"展开标签，右键单击"View Native Drivers"，选择"New Driver"→"GE Intelligent Platforms"→"GE SRTP"，如图 6 - 18 所示。

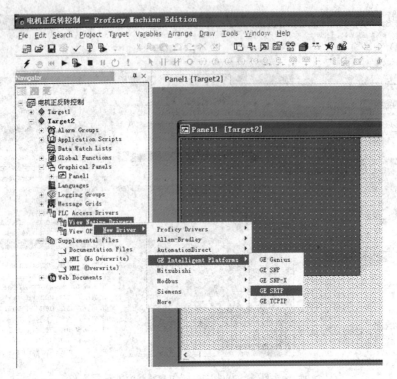

图 6-18 添加 PLC 驱动

（5）设置驱动属性。右键单击"GE SRTP"下的"Device1"选项，在弹出的菜单中选择"Properties"，如图 6-19 所示。在打开的"Inspector"属性栏中，本应用中 QuickPanel 要与 PAC 相连，PAC 在工程中对应的名称是"Target1"，所以将"PLC Target"项选择为"Target1"，并在"IP Address"栏中填入"Target1"的 IP 地址，也即 PLC 的 IP 地址，比如192.168.0.50，如图 6-20 所示。

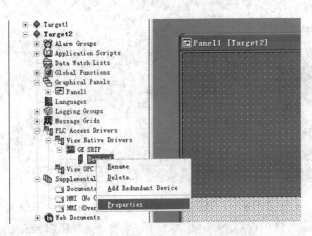

图 6-19 驱动属性选择菜单

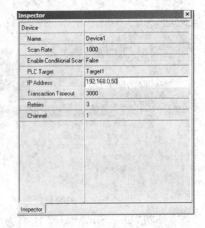

图 6-20 设置驱动属性对话框

（6）测试通信。点击工具栏上的 ⚡ 按钮进行通信连接，当看到信息窗口出现如图6-21所示提示时，说明通信成功。通信成功后，即可开发触摸屏界面。当需要多个界面时，可右键单击"Graphical Panels"，选择"New Panel"，添加新界面，如图 6-22 所示。

图 6-21　通信成功　　　　　　　　　　　图 6-22　添加新界面

触摸屏界面开发完毕后，便可进行下载和调试。使用 ✓ 📥 📤 工具检查后下载到 QuickPanel。

注意：目前该工程下有 Target1 和 Target2 两个任务，而这两个任务只能有一个处于当前有效状态，可使用右键单击标签，选择"Set as Active Target"命令进行切换，如图 6-23所示。

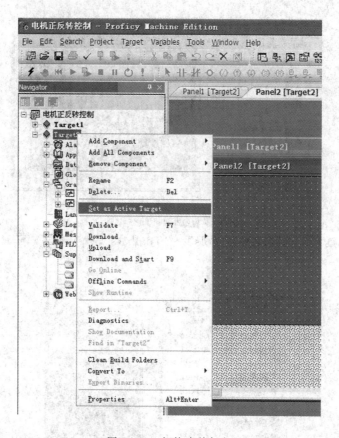

图 6-23　切换当前任务

还可以通过 Windows 下的主题菜单来进行主题切换，如图 6-24 所示。

在图 6-24 中，当编辑 PLC 时程序切换到"Logic Developer PLC"；当编辑 QP 时需切换到"View Developer"。

图 6-24　主题切换

3. 编辑人机界面

（1）双击"Graphical Panels"下的"Panel1"，便可看到触摸屏的编辑画面，如图6-25所示。

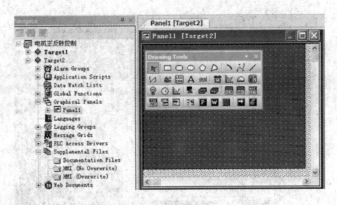

图 6-25　触摸屏的编辑画面

（2）画图工具栏。选择菜单"Tools"→"Toolbars"→"View"，可显示工具栏，如图6-26所示。

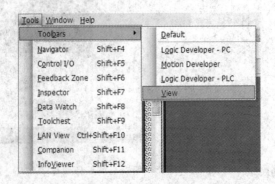

图 6-26　显示工具栏

也可以通过选择"Windows"→"Apply Theme"菜单,选择 View Developer 编辑界面,也可弹出 HMI 画面编辑工具栏。View Developer 编辑界面是 QP 的专用画面编辑界面。

(3) 工具栏简介。QuickPanel 的画图工具栏功能强大,几乎与组态软件无异,如图6-27所示。

图 6-27　工具栏

比如点击矩形工具按钮,即在界面上绘制图形。利用 Text Tool(文本工具)、Button Tool(按钮工具)、Circle Tool(画圆工具)绘制简单的画面,如图 6-28 所示。

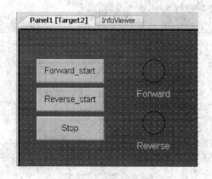

图 6-28　绘制的画面

画好图形后,右键单击该图形,选择 Properties,就会显示该图形的属性检查窗口,显示的属性包括名字、填充颜色、背景颜色条、字体颜色等。如图 6-29 所示为编辑界面的属

Inspector	×
Graphical Panel	
Name	Panel1
Top	0
Left	0
Width	320
Height	240
Background Color	■ Green
Visible At Startup	True
Thick Border	True
Caption	False
Panel Type	replace
Security	0
Publish	False
Keypad Assignment	Click Here ->

图 6-29　编辑界面的属性框

性框,不同的图形对象显示的属性不太一样。可以对画面中的每个图形对象进行相应的属性设置,使其显示和布局美观。

个别元素需定义变量名(Variable Name),比如一些仪表类需要指定监视/显示的模拟量所占的寄存器地址(％R0000x)。

(4) 静态画面的设计比较简单,主要进行一些属性的设置。如果需要进行人机交互,必须对图形进行动作属性的设置。双击任一图形,就会弹出动作属性框,包含的动作有变色、填充、移动、触摸等。选择引起的动作,输入引发动作的变量名称,详细设置动作内容。比如双击图 6-28 中的圆形图标,弹出如图 6-30 所示的动作属性对话框。

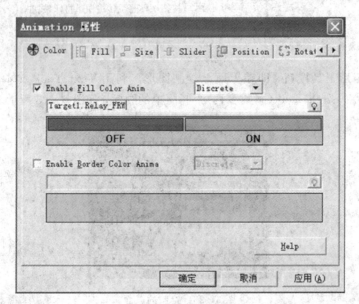

图 6-30 动作属性对话框

在图 6-30 中,Color 代表颜色,Fill 代表填充,Size 代表尺寸,Slider 代表滑动,Position 代表位置,Rotation 代表旋转,Touch 代表触摸,Value 代表数值,Visibility 代表可视。

用户可以选择需要的动画要求,这里以 Color 为例进行说明。当选中复选框"Enable Fill Color Anim"时,Color 标签高亮,类型选择"Discrete";点击下图中的电灯按钮,选择"Variable",即选择图像填充 Color 相关的变量,在出现的变量列表中选择在 Target1 中定义变量,这里为 Target1. Relay_FRW;即当 Target1. Relay_FRW 为 0 时,填充颜色为红,当 Target1. Relay_FRW 为 1 时,填充颜色为绿色,这样图像的颜色会根据 Target1. Relay_FRW 的值在红绿两种颜色间变化。当然用户可以自己设定颜色,双击颜色就可以改变它。

其他图形动画对象的设置可以参考同样的方法进行设置。

4. 运行人机界面

运行之前,用网线将 QuickPanel 与 PAC 系统的以太网通信模块连接起来,注意观察 LINK 指示灯亮,表明电路连通。

在工程管理器窗口,右键单击控制对象"Target2",在弹出的菜单中选择"Set as Active Target"。若其显示为灰色,则默认"Target2"为有效活动状态。单击工具栏编辑 ✓ 按钮开始编辑，对 Target2 进行校验，确保没有错误，如图 6-31 所示。出现错误时根据提示进行修改。编辑无误后单击 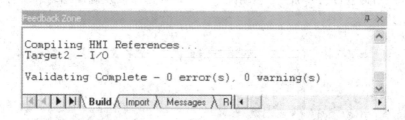 下载按钮，把画面下载到 QuickPanel 并运行。

图 6-31　校验后的结果

6.4　iFIX 组态软件介绍

工控组态软件是一个基于 Windows 环境下的数据采集、监测、处理和控制软件包，它是数据采集与过程控制的专用软件。组态软件的应用涉及电力系统、给水系统、石油、化工等领域的数据采集与监视控制以及过程控制等。

组态软件自 20 世纪 80 年代初期诞生至今已经有三十多年的发展历程。早期的组态软件大都运行在 DOS 环境下，其特点是具有简单的人机界面、图库和绘图工具箱等基本功能，图形界面的可视化功能不是很强大。随着微软 Windows 操作系统的发展和普及，Windows 下的组态软件成为主流。

目前，世界上有不少专业厂商生产和提供各种组态软件产品，市面上的软件产品种类繁多，各有所长，应根据实际工程需要加以选择。组态软件国产化的产品近年来比较出名的有组态王、世纪星、力控、MCGS、易控等等，国外主要产品有美国 Wonderware 公司的 InTouch、美国 GE Fanuc 智能设备公司的 iFIX、德国西门子公司的 WinCC 等。

iFIX 是国内做得最成功的组态软件品牌，连续多年销售额第一。其主要优势在于以下几点：品牌知名度高，已经在用户心中形成事实上的最好品牌；系统稳定，技术先进，支持 VBA 脚本，产品技术含量在所有组态软件中最高；产品结构合理，系统开放性强，包括其 I/O 驱动直接支持 OPC 接口；文档完备，驱动丰富。但是其产品也有几个明显缺点：产品价格偏高，超出国内同类产品价格 10 倍左右；主要是国内的一些代理做，技术支持和服务能力比较差。

iFIX 的前身是 FIX。1984 年，德克萨斯州休斯敦的 ISA 展览，在自动扶梯下一个 10×10 英尺的展台里，Intellution 公司总裁 Steve Rubin 和他的两个工程师 Al Chisholm 和 Jim Welch 介绍了 FIX：全集成控制系统，世界上第一个可配置的基于 PC 的 HMI/SCADA 软件程序。他们掀起了对自动化和过程控制的革命。iFIX 组态软件就此诞生，它是一种基于 DOS 的系统。FIX 的全称是 Fully-Integrated Control System（全集成控制系统），这里的"X"其实没有什么意义，只是为了凑成一个响亮好念的名字。

Intellution 公司以 FIX 组态软件起家，1995 年被爱默生收购，曾经是爱默生集团的全资子公司，2002 年爱默生集团又将 Intellution 公司转卖给 GE Fanuc 公司。2009 年底，GE Fanuc 公司解体，原 Intellution 公司所有业务归 GE 公司所有，划分到 GE-IP。

6.4.1 iFIX 结构

iFIX 软件结构包含三大部分：驱动程序、实时数据库以及画面编辑和画面运行，其结构如图 6-32 所示。

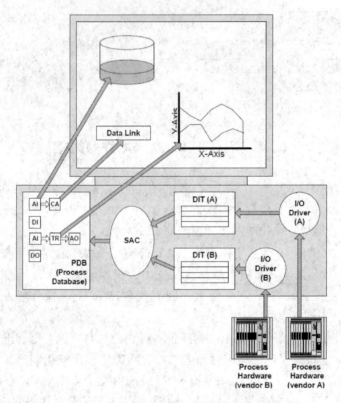

图 6-32　iFIX 基本结构图

（1）I/O 驱动器。iFIX 和外部设备过程硬件（比如 PLC、仪表）之间的接口称为 I/O 驱动器。要用组态软件实现对现场设备的数据采集与控制，首先建立现场设备和控制系统物理连接，并使组态软件按照一定的协议与现场设备进行通信。iFIX 组态软件不能直接和设备建立连接，对支持的设备要有相关驱动程序。I/O 驱动器是计算机与外部设备之间进行通信的基础，I/O 驱动器支持指定的硬件。I/O 驱动器功能主要是从 I/O 设备中读（写）数据（称为轮询，Polling），以及将数据传/输出至驱动器映像表（Driver Image Table）的地址中，或者从驱动器映像表给定的地址中获得数据。驱动器映像表，有时也称为轮询表（Poll 表）是 SCADA 服务器内存中存储 I/O 驱动器轮询记录的内存区域。

（2）扫描、报警和控制（SAC）。SAC 主要功能包括从 DIT 中读取数据，将数据传至数据库 PDB，数据超过报警设定值时报警。SAC 从 DIT 中读取数据的速率称为扫描时间，可使用任务控制程序进行 SCA 监视。

（3）过程数据库（Process Database，PDB）。过程数据库又称实时数据库，用于实现数据存储、数据报警等。在自动化生产过程中，iFIX 软件从 PLC、DCS、简单 I/O 等硬件设备的寄存器中获取数据，获取的这些数据称为过程数据。PDB 将从各个不同设备中读取的数据集中，按照数据类型分类存储，同时监视数据值，超出合理范围时，立即报警。过程数据库记录了外部设备实时运行状态,可以通过画面编辑和画面运行显示现场的实时数据。

（4）图形显示。一旦数据进入过程数据库,即可以用图形方式实时、动态地显示。iFIX Workspace以运行模式提供 HMI(人机接口功能),HMI 可与图形显示结合使用。图形对象包括图表、字母和数字表示的数据和图形动画等,可以显示报警信息、数据库信息和某标签的特殊信息。

6.4.2　iFIX 软件安装

iFIX 软件的安装比较简单,在安装过程中只需进行简单的选择设置即可完成相应的软件安装,这里以 iFIX 5.5 中文版进行软件安装的介绍。

（1）打开 iFIX 5.5 中文版安装包,如图 6 - 33 所示。

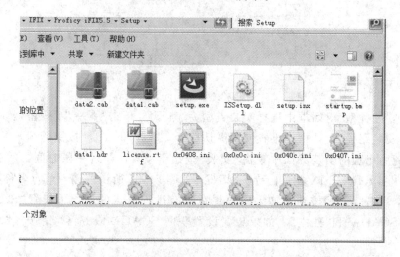

图 6 - 33　iFIX 5.5 中文版安装包

（2）双击"setup.exe"图标,弹出如图 6 - 34 所示的安装向导,单击"下一步"按钮继续安装。

图 6 - 34　iFIX 5.5 安装向导界面

（3）阅读相应的安装协议后，选择"我接受许可证协议中的条款"，单击"下一步"按钮继续，如图 6-35 所示。

图 6-35　iFIX 5.5 安装许可证协议界面

（4）在"安装类型"对话框中选择安装类型为"典型"，单击"下一步"按钮继续。

（5）在"安装路径"对话框中推荐使用默认路径，单击"下一步"按钮继续。

（6）在随后出现的安装界面中单击"安装"按钮继续，在经过一段时间的等待后，安装过程中会弹出"Proficy iFIX 配置向导"对话框，如图 6-36 所示。输入节点名称、节点类型和连接方式，单击"确定"按钮。如果用户想在没有远程节点的情况下设置"SCADA"服务器，请选择"SCADA"和"独立"。如果想要设置联网 SCADA 服务器，请选择"SCADA"和"联网"。

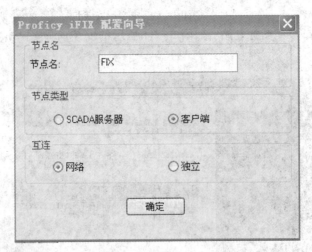

图 6-36　iFIX 安装配置向导

（7）如果想要安装 Proficy Historian for SCADA，在后面弹出的对话框中单击"是"按钮。此时将出现 Historian 安装和屏幕设置界面。

（8）保留默认安装位置或选择其他位置，然后单击"下一步"按钮，将出现"数据档案和配置文件夹"界面。

（9）保留默认位置或选择其他位置，然后单击"下一步"按钮，安装 Proficy Historian for SCADA。当显示消息框要求用户查看发行说明时，请单击"是"按钮，查看后关闭版本信息，继续安装。"设置完成"界面中，选择"是"，重启计算机，然后单击"完成"按钮。

（10）重新启动计算机以及安装完成后，安装产品授权密钥：如果用户有一个新的密钥，关闭计算机，将 USB 密钥插到合适的端口上。如果需要更新旧密钥，使用更新文件并按照 GE Intelligent Platforms 的说明更新密钥。

（11）安装完成后，可以在开始菜单中找到 iFIX 5.5 图标，单击即可启动 iFIX 5.5，如图 6-37 所示。

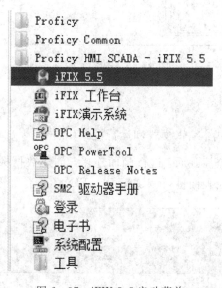

图 6-37　iFIX 5.5 启动菜单

（12）单击启动 iFIX 5.5 后，会弹出如图 6-38 所示的启动选择对话框。

（13）在图 6-38 中可以分别选择相应的图标进行相应的设置。选择"Proficy iFIX"即可启动 iFIX 软件。如果没有安装授权密钥，就会弹出如图 6-39 所示的提示画面。

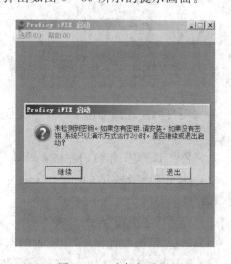

图 6-38　iFIX 5.5 启动选择对话框　　　　图 6-39　密钥提示画面

（14）在图 6-39 中单击"继续"按钮，就启动了 iFIX，其启动完成后的界面如图 6-40

所示。在图 6-40 中可以进行 HMI 的开发和编辑。

图 6-40　iFIX 工作台

6.4.3　iFIX 工作台

iFIX 工作台有两种模式：编辑模式和运行模式（点击 ![切换至运行] 即可切换至运行模式）。用户可以在编辑模式下创建监控画面，进行画面连接，创建数据标签（数据库）。在运行模式下可以对已经创建好的监控画面进行调试运行。iFIX 工作台如图 6-41 所示。

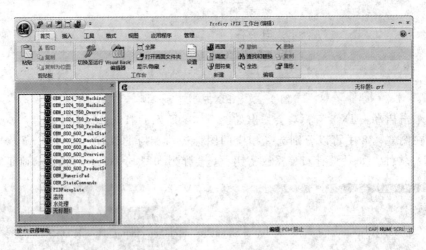

图 6-41　iFIX 工作台

所有项目的配置都将在工作台中完成，工作台主要由系统树、工作区、菜单栏、工具栏组成。

系统树在 iFIX 工作台的左边，如图 6-42 所示。系统树主要具有以下 5 个功能：

（1）显示与该项目有关的所有文件。

（2）显示与每个文件有关的对象。

（3）启动某些应用程序。

（4）显示"系统配置程序"中配置的路径。

（5）使用树状管理结构，可以方便用户操作管理文档和各种图形对象，比如添加和删除各种对象目录等。

下面介绍系统树中常用的文件夹。

（1）画面文件夹：打开文件夹可看到已经创建的画面，单击打开任何一个需要编辑的画面，也可以保存、删除画面。

（2）数据库文件夹：打开文件夹可以查看当前所加载的数据库标签，进入数据库编辑器中，也可以添加、删除数据库标签。

（3）图符集文件夹：文件夹中包含了大量的图符，可供用户在编辑画面时使用，也可以添加用户自己创建的图符。

（4）项目工具栏文件夹：文件夹中包含了多种工具栏，不同的工具栏功能不同，单击其中的某一个即可在画面编辑窗口中添加该工具栏，以便在编辑画面时使用。

在 iFIX 工作台下部是状态栏，状态栏主要显示 iFIX 工作台当前的工作状态。

iFIX 工作台主菜单主要包括首页、插入、工具、格式、视图、应用程序、管理等菜单项。单击不同的主菜单可以显示不同的菜单内容。其中常用的有"首页"和"应用程序"这两项，菜单栏如图 6-43 所示。

图 6-42　iFIX 系统树

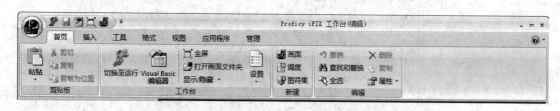

图 6-43　iFIX 菜单栏

（1）"首页"菜单下常用的选项介绍如下：

："切换模式"按钮，单击该按钮可以把 iFIX 工作台由编辑模式切换到运行模式。

："激活 VB 编辑器"按钮，单击该按钮打开 VB 集成开发环境。用户可以对定时器、对象、事件、按钮、图符、Active X 控件、变量、在全局页中添加的任何对象进行脚本编辑，开发新的应用功能。

：单击该按钮可以新建一个画面（一般常在工具箱中单击"新建画面"按钮）。

：单击该按钮出现下拉菜单，选中其中的"用户首选项"即可对工作台工作环境进行配置，选中"工具栏"可调出如图 6-44 所示的工具箱。

（2）"应用程序"菜单下常用的选项介绍如下：

：单击该按钮进入数据库管理器开发界面，可以在其中进行添加、修改、删除数据库标签。

：单击该按钮进行系统配置，包含系统配置路径、

图 6-44　工具箱

后台启动、报警与历史数据设置、系统安全设置、驱动配置等。

: 单击该按钮进行系统安全设置,可以设置系统登录用户及登录用户的权限。

: 单击该按钮可以查看工作台运行时产生的历史报警数据。

: 单击该按钮进入"键宏编辑器"。

: 单击该按钮进入"标签组编辑器"。

标签组编辑器的布局采用标准 iFIX 表格的格式,和许多表格一样工作。标签组主要是"替换"功能。例如,当打开画面和使用新的画面代替当前画面时,iFIX 可以读取标签组文件,并根据其定义使用相应的替换值代替这些符号。

6.4.4 iFIX 工作台配置

iFIX 工作台是使用 iFIX 的起点,从"首页"的"设置"菜单选项中选择"用户首选项",可以配置工作台的默认值,iFIX 工作台配置如图 6-45 所示。

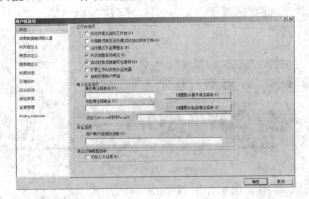

图 6-45　iFIX 工作台用户首选项配置

用户首选项设置菜单中常用的选项卡主要有"常规"选项卡和"启动画面"选项卡。在"常规"选项卡中,用户可以根据实际需要设置工作台启动状态、显示屏幕状态、文档保存、创建备份以及工作台的界面外观等。在"启动画面"选项卡中用户可以设置当工作台以允许模式启动时要打开的画面,如图 6-46 所示,单击后面的"选择"图标就会出现"打开"对话框,在对话框中选择所要添加的画面。可以添加一个画面,也可以添加多个画面。

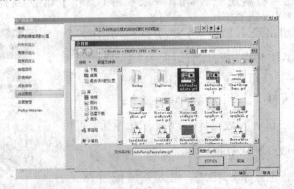

图 6-46　启动画面选择对话框

6.4.5　iFIX 工程保存和备份

iFIX 不同于其他软件，不是通过传统的新建和保存菜单来新建工程和保存工程的，而是通过 iFIX 自带的备份与恢复向导来完成此项操作。

工程备份就是将组态的工程打包成一个特定格式的工程备份文件，必须在工程文件打开的前提下，通过"开始"菜单里的备份与恢复向导进行工程备份。

工程恢复就是将工程备份文件还原成一个工程，必须在 iFIX 关闭的前提下，通过"开始"菜单里的备份与恢复向导进行工程恢复。

实际上，很多组态软件都自带有备份与恢复功能，与传统的复制粘贴相比，备份和恢复功能可以完整地拷贝或恢复工程，而传统的复制粘贴可能会遗漏一些无法复制的系统文件，从而造成工程不完整。

1. 恢复工程

在 iFIX 关闭的前提下，通过"开始"菜单里 iFIX 备份与恢复向导进行工程恢复，如图 6-47 所示。或者点击"开始"菜单，选中"运行"菜单，在命令框中输入命令 BackupRestore. exe 或者 BackupRestore. exe/FactoryDefault（输入时斜线前面一定要空格）也可打开项目备份恢复对话框。

单击"备份与恢复向导"选项后，弹出如图 6-48 所示的项目备份对话框。其界面分为上、下两部分，其中工程项目备份位于上部区域，工程项目恢复位于下部区域。

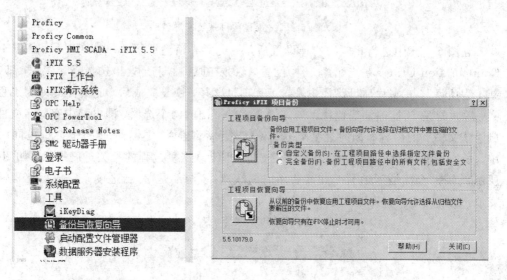

图 6-47　"备份与恢复向导"选择菜单　　　　图 6-48　项目备份对话框

要进行工程恢复，点击图 6-48 下部区域的工程项目恢复向导图标，出现如图 6-49 所示的恢复向导。

单击图 6-49 的"浏览"按钮选择需要恢复的工程备份文件（工程备份文件的后缀名为 . fbk），如图 6-50 所示。选定文件后单击"打开"→"下一步"，进入工程恢复详细配置界面，如图 6-51 所示。

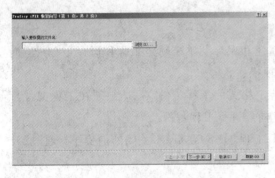

图 6-49　工程项目恢复向导(一)

图 6-50　工程项目恢复向导(二)

图 6-51　工程项目恢复向导(三)

　　在图 6-51 中进行相应的选择设置后，一定要弄清楚路径，一般别恢复 SCU(System Configuration Utility 系统配置文件)配置，除非在原机器上。这里选择新建工程，即"创建新工程项目"，在工程项目路径中输入工程项目路径，恢复完成后，此文件夹即为工程文件夹，后面配置 SCU 时还要使用。勾选恢复文件下面的两个选项，即电脑中有同名文件夹时删除该文件夹的内容。同时还要勾选"恢复整个系统"栏，这样下面的子菜单也同时被选中。所有这些设置完成后，单击"完成"按钮，即出现恢复过程的相关进度提示，如图6-52所示，选择"全部是"，在随后出现提示时继续选择"全部是"。当进度条完成后工程恢复即完成，恢复完成后，关闭恢复导向窗口。

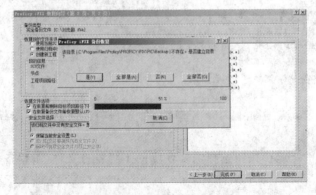

图 6-52　工程项目恢复进度

在工程恢复向导完成后还需要对系统的 SCU 进行配置。首先要对工程文件的 SCU 进行相应的修改，在 iFIX 未打开的前提下，通过"开始"菜单即可进入系统配置，如图 6-53 所示。单击之后，弹出如图 6-54 所示的系统配置的窗口。通过"文件"→"打开"，找到工程文件的 SCU 配置文件，一般位于安装目录下的 \Local 下。SCU 文件定位后，通过"配置"→"路径"修改项目路径，如图 6-55 所示。

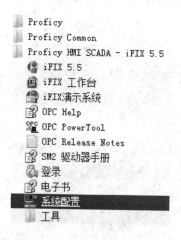

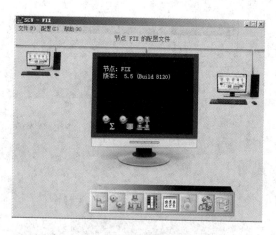

图 6-53　系统配置选择菜单　　　　　　　　　图 6-54　系统配置窗口

在图 6-55 中，进行相应的修改，主要将"项目"后面的路径改为自己工程项目恢复的实际路径，即图 6-55 所示的工程项目路径，修改后，点击下面的"更改项目"按钮，工程项目路径和本地、数据库等路径都会随之改变，如图 6-56 所示，在出现的提示框中选择"是"，单击"确定"按钮，同时要注意 SCU 文件修改后要保存，即单击"文件"→"保存"。在以上设置完成之后，单击"文件"→"退出"按钮，就可以重新启动 iFIX 工作台，把备份的工程给提取出来。

在图 6-56 中，根目录和语言的路径是 iFIX 软件本身所在的安装路径，一般是安装软件设置好的，不用更改。

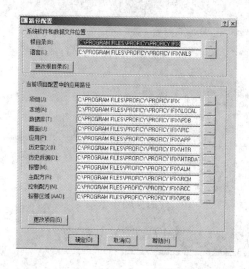

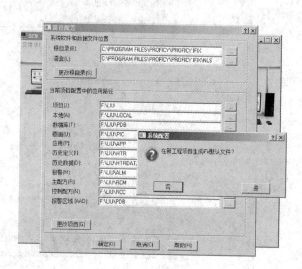

图 6-55　路径配置窗口　　　　　　　　　　图 6-56　路径更改后的窗口

2. 备份工程

图 6-48 的项目备份对话框中，在"工程项目备份向导"选项栏中，可以选中完全备份和自定义备份，完全备份是把整个工程项目文件夹全部备份到其他地方，恢复的时候再完整地复制回来。选中完全备份，单击"备份"按钮，弹出如图 6-57 所示的备份向导，选择保存备份文件的路径后，点击"完成"按钮即可实现工程项目的备份，其后缀名为.fbk。

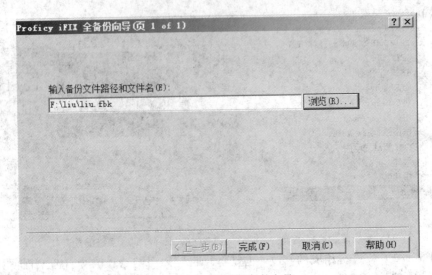

图 6-57 工程项目备份向导

6.4.6 iFIX 工程实例

下面通过一个具体的工程实例来初步认识 iFIX 在人机监控方面的应用，具体步骤如下所示：

（1）通过"开始"菜单启动 iFIX 软件，如图 6-58 所示。

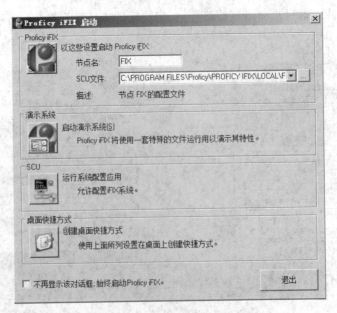

图 6-58 iFIX 软件启动界面

（2）在图 6-58 中，单击最上面的 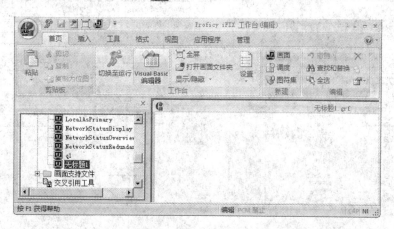 图标，打开 iFIX 工作台编辑界面，如图 6-59 所示。

图 6-59　iFIX 工作台编辑界面

（3）在数据库中建立一个数据标签，以便在运行时进行显示。因为这里没有连接具体的过程硬件设备，所以只有借助于自身的 SIM。SIM 是 iFIX 中的仿真驱动器，可以使用仿真数据测试数据库，SIM 驱动程序提供了一系列的寄存器，来生成一个随机和预定义值的循环特性曲线。单击"应用程序"→"数据库管理器"，如图 6-60 所示，启动 iFIX 数据库管理器，如图 6-61 所示。

图 6-60　应用程序选项卡

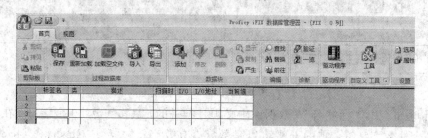

图 6-61　数据库管理器界面

双击图 6-61 中的数据标签列表的任何一个空白处，在弹出的如图 6-62 所示的选择数据块类型中选择 AI 并确定，弹出如图 6-63 所示的模拟量输入标签设置对话框。在对话框中输入标签名，特别在地址栏要选择正确的驱动器以及 I/O 地址，其他的设置暂时不用设置，使用默认即可。设置完成后单击"保存"按钮，弹出如图 6-64 所示的启用扫描对话框，单击"是"按钮。操作完成后就可以在数据库中看到刚才建立的一个模拟量数据标签，选中该标签右键单击之后选择"刷新"，即可看到后面的当前值的数据在变化，这个数据就来自于 SIM 仿真驱动器的 RA 中，如图 6-65 所示。

图 6-62　数据块类型选择窗口

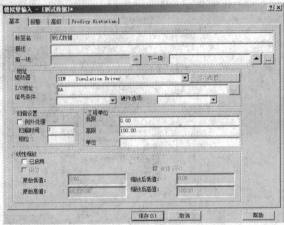

图 6-63　模拟量输入标签设置对话框

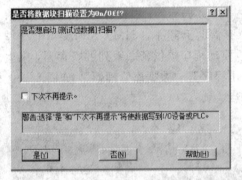

图 6-64　启用扫描对话框

图 6-65　模拟量标签

在图 6-63 中，"标签名"在数据库中必须是唯一的，最多可达 40 个字符，在标签名中必须有一个非数字字符，它的开头可以是数字，有效字符包括：-(dash)、\ (back slash)、_(underscore)、/(forward slash)、!(exclamation point)、|(pipe)、#(number sign)、[(open bracket)、% (percent sign)、] (close bracket)、$ (dollar sign)、不允许有空格。

"描述"最多可有 40 个字符，可在报警一览、图表、图形对象等中显示。

"下一块"指链中下一个标签的标签名。

"前一块"指链中前一个标签的标签名，在数字量输入块中，该字段一般为空。

"驱动器"指 iFIX 中 I/O 驱动器的名称，可以有 300 多个可用的驱动器。

"I/O 地址"指定该标签的数据存储位置，对输入标签，指定数据的来源地址，对输出标签，指定输出的目的地址。

过程数据库是 iFIX 系统的核心，它从硬件中获取或给硬件发送过程数据。过程数据库由标签（块）组成，数据库标签（块）是独立单元，可以接收、检查、处理并输出过程值。数据块的部分类型见表 6-2 所示。

表 6-2　数据块类型

数据块类型	类 型 功 能 描 述
模拟量报警（AA）	提供对模拟量数据的读写访问，并允许设置和确认报警
模拟量输入（AI）	提供对模拟量数据的读写访问，并允许设置报警限
模拟量输出（AO）	当上游块、操作员、程序块、脚本或简单数据库访问（EDA）程序提供了一个数值的时候，向一个 I/O 驱动或 OPC 服务器发送模拟量数据
模拟量寄存器（AR）	仅当一个数据连接与操作员显示的块相连接时，提供对模拟量数据的读写访问
布尔量（BL）	对最多八个输入执行布尔运算
数字量报警（DA）	提供对数字量数据的读写访问，并允许设置和确认报警
数字量输入（DI）	提供对数字量数据的读写访问，并允许设置报警限
数字量输出（DO）	当上游块、操作员、程序块、脚本或简单数据库访问（EDA）程序提供了一个数值的时候，向一个 I/O 驱动或 OPC 服务器发送数字量数据
数字量寄存器（DR）	仅当一个数据连接与操作员显示的块相连接时，提供对数字量数据的读写访问
多态数字量输入（MDI）	为来自一个 I/O 驱动或者 OPC 服务器的最多三个输入重组数字量数据，将输入组合成一个原始数值，并允许设置报警限
文本（TX）	允许对设备的文本信息进行读写操作

（4）单击图"保存"按钮，回到 iFIX 工作台编辑界面，从工具箱中拖放数据连接戳图标 ，放置之后弹出如图 6-66 所示的数据连接对话框，单击其数据源后面的 ，弹出如图 6-67 所示的表达式编辑器对话框，选中 FIX 节点中的测试数据标签名，其域名选中 F_CV，代表是浮点数形式的当前值（Float Current Value），即数据源连接为 Fix32.FIX.测试数据.F_CV，单击"确定"按钮即可。然后在画面上合适的位置放置数据戳即可。

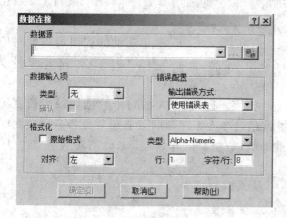

图 6-66　数据连接对话框　　　　　图 6-67　表达式编辑器对话框

（5）iFIX 工作台的编辑模式和运行模式可通过组合键"Ctrl＋W"来切换。如果在编辑模式下可以按下"Ctrl＋W"或者单击如图 6－68 所示的"切换至运行"图标实现所建立的 iFIX 工程的运行，其运行效果如图 6－69 所示。

图 6－68　"切换至运行"操作图标

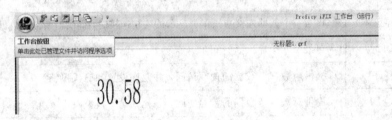

图 6－69　工程运行效果

6.5　iFIX 与 PACSystems RX3i 的通信

iFIX 组态软件可以与多种类型的 PLC 控制器进行通信连接，将 PLC 中的数据采集到 iFIX 数据库中，PLC 与 iFIX 建立通信必须通过一个中间桥梁"驱动"。不同厂家、不同类型 PLC 与 iFIX 通信时所需要的驱动也不相同。例如，西门子的 PLC 需要安装的驱动是 S7A，欧姆龙 PLC 需要安装的驱动是 OMR/OMF，GE PAC 需要安装的驱动是 GE9。下面以 GE PAC 为例介绍一下 iFIX 与之通信时驱动的安装配置，从而实现 iFIX 与 PACSystems RX3i 之间的通信。

iFIX 的驱动程序按照以下方式组织：

（1）通道：一个通道可以有多个设备。在基于串口的配置中，一个通道一般对应一个串口，此时就需要根据通信的硬件设备设置串口相应的通信参数（串口号，波特率，数据位，停止位和校验等）。

（2）设备：一个设备可以有多个数据块。在实际应用中，一个驱动的逻辑设备就对应一个实际的物理设备。此时要根据该物理设备相应的驱动通信参数（主要是设备站点号以及通信处理相关的参数）。

（3）数据块：一个数据块一般对应多个数据字。因为 iFIX 的每个数据块最大长度为 256 个字节，所以当一个设备需要读取的数据超过 256 个字节时就必须对设备分块。此时要根据需要读取的数据大小来配置数据块的参数（数据块的起始地址；数据块的结束地址；数据块的长度；数据块的类型等）。

6.5.1　GE9 I/O 驱动器的安装

（1）打开含有 GE9 驱动的文件夹并找到安装图标，如图 6－70 所示，双击"Setup.exe"

进行安装。

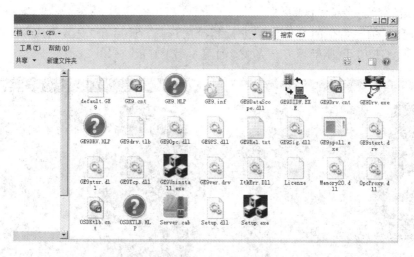

图 6-70 GE9 安装程序包

（2）系统运行安装程序，出现图 6-71 所示的安装界面，直接点击"Next"按钮继续。

图 6-71 GE9 安装对话框

（3）在如图 6-72 所示的安装路径对话框中，点击"下一步"按钮继续安装。

注意：最好不要更改默认的安装路径。

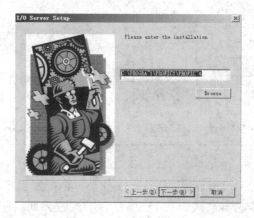

图 6-72 选择安装目录

（4）在如图 6-73 所示的"选择节点类型"对话框中，选择"Sever"作为节点类型，单击"下一步"按钮继续安装。

（5）在随后的一系列的对话框中进行相应的选择，最后在"安装完成"信息框中单击"Done"按钮，GE9 I/O 驱动器安装完成，如图 6-74 所示。

图 6-73　选择节点类型　　　　　　　图 6-74　安装完成信息框

6.5.2　GE9 I/O 驱动器的配置

在保证 PME(Proficy Machine Edition)软件与 RX3i 系统通信成功的基础上开始 GE9 I/O 驱动的配置，具体步骤如下：

（1）依次单击"开始"→"程序"，找到安装目录下的"GE9 PowerTool"，单击运行 GE9 PowerTool 驱动配置程序，如图 6-75 所示，在配置对话框中，选择"Use Local Serve"，单击"Connect…"按钮继续，弹出如图 6-76 所示的界面。

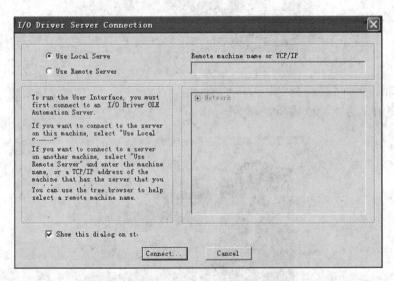

图 6-75　GE9 PowerTool 驱动配置程序

驱动是一个后台程序，没有界面，PowerTool 是一个配置程序。Power Tool 它不是驱动程序只是配置程序，体现出来就是图 6-76 所示的配置界面，它的主要作用就是配置驱动程序，告诉驱动从哪里读取数据，配置通道、设备、数据块。

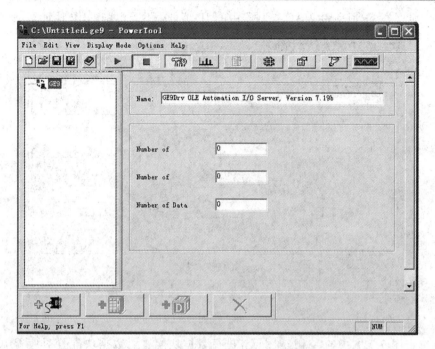

图 6 - 76　GE9 驱动配置窗口

（2）在图 6 - 76 所示的界面中单击 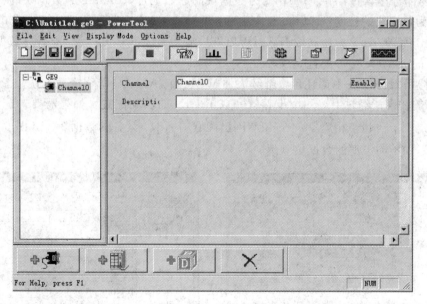 按钮进行通信网卡配置，添加"Channel 0"，并选中右边的"Enable"项，如图 6 - 77 所示。这里出现的 Channel 通道名称可以随意设置。

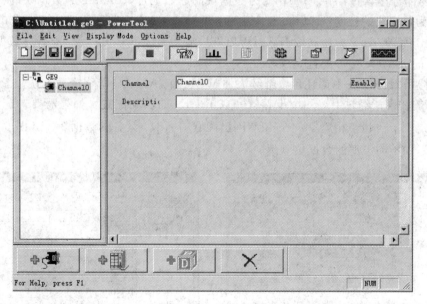

图 6 - 77　添加通道

（3）单击图 6 - 77 中的 按钮进行设备配置。此项配置非常重要，首先在输入 Device 名称时要写简单容易记忆的，因为这个名字在后面数据库配置时需要使用，一般多采用以 D 开头、数字结尾的形式，如 D0、D1 等，然后在"Primary"窗口中输入与之相连接的 PAC 的 IP 地址。最后选中后面的"Enable"，即配置完成，如图 6 - 78 所示。

注意: 此处的 IP 地址为 PAC 控制器中的 IP 地址, 不是电脑的 IP 地址。

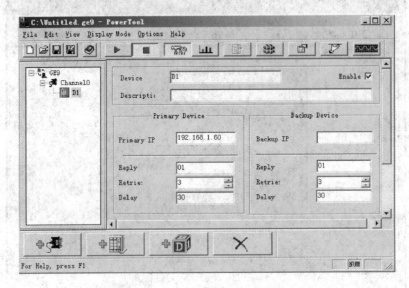

图 6 - 78   添加 Device1

(4) 单击图 6 - 78 中的 图标, 进行数据块配置。数据块配置对应 PAC 控制器中的不同寄存器, 用户可以添加多个数据块, 数据块的长度可以根据所编程序中用到的数据大小进行相应的设置, 如 PAC 内部数据寄存器 R 的配置, 数据块的名字 Block 可以命名为 PAC 内部寄存器的名字, Starting 为数据块的起始地址, Ending 为数据块的终止地址, Address 为数据块的长度, 其中数据块中的 R1 对应 PAC 内部数据寄存器 R00001, R100 对应 R00100, 在 iFIX 中建立数据库时可以直接输入 R1、R2、R3 等。配置完数据长度后, 选中后面的"Enable", 即配置完成。

与配置 R 数据块一样, 还可以继续添加 M、I、Q、AI、AQ 等多个数据块。配置方法与上文介绍的相同。经过上述几个步骤就完成了 GE9 的驱动配置。如果需要对配置完成的驱动进行修改, 可以点击 ✕ 按钮删除已配置的网卡、设备和数据块。如图 6 - 79 至图 6 - 82 为添加不同类型的数据块示例。

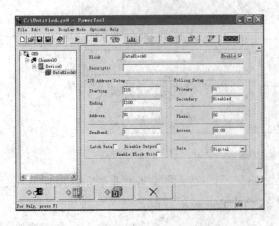

图 6 - 79   添加 DataBlock0(数字量输入配置)

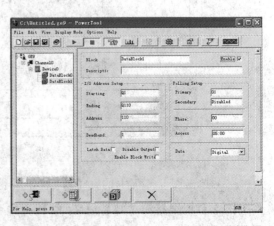

图 6 - 80   添加 DataBlock1(数字量输出配置)

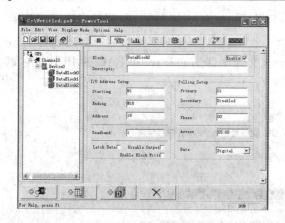

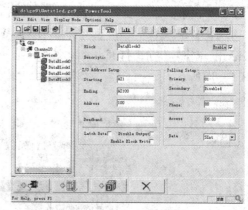

图 6-81 添加 DataBlock2(内部寄存器配置)   图 6-82 添加 DataBlock3(模拟量输入配置)

（5）驱动配置完成以后要进行保存，单击"File"按钮，单击"save"按钮，选择所配置的驱动存放的位置，一般情况下配置好的驱动都存放在 iFIX 安装目录下的 PDB 文件夹里面，如图 6-83 所示，输入文件名，单击"保存"按钮，即将已配置好的驱动保存在了 PDB 文件夹中了，其后缀名为.ge9。

图 6-83 GE9 配置文件保存对话框

（6）设置驱动默认启动路径。点击窗口上方工具栏中的 按钮，出现如图 6-84 所示的界面。选择"Default Path"选项卡，在"Default configuration"栏中输入上文中配置的驱动名字，在"Default Path for"栏中输入配置驱动的保存位置的地址，单击"确定"按钮，完成设置。GE9 驱动程序运行时将自动从默认路径中启动默认文件，驱动配置完成以后要检测驱动是否可以与 PAC 控制器进行通信。

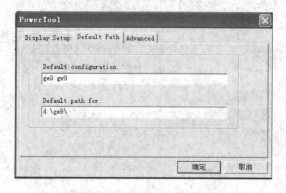

图 6-84 "Default Path"选项卡

（7）在检测之前要先进行通信 IP 设置，即修改 HOSTS 文件。在 iFIX 安装盘中找到"WINDOWS"文件夹，按照 C：\WINDOWS\system32\drivers\ect\hosts 顺序打开文件，最后用"记事本"方式打开 hosts 文件，在 hosts 文件尾部加上 iFIX 和 PAC 的 IP 地址，如图 6-85 所示。

图 6-85　修改 hosts 文件

注：FIX 前面输入的是 iFIX 所安装的电脑 IP 地址（在此为 192.168.1.50），PLC 前面输入的地址是 PAC 控制器之前设置的 PAC 临时 IP 地址（在此为 192.168.1.60）。

（8）返回驱动配置主页面窗口，单击工具栏上的 ▶ 按钮，运行 GE9 驱动程序。单击工具栏上的 ▥ 按钮（必须保证 Proficy Machine Edition 软件和 PAC 通信正常），如图 6-86 所示，"Data"标签后面的方框内容显示为"Good"，"Transmit""Receives"标签数值跳变表明 GE9 驱动配置成功，已经可以和 PAC 控制器进行通信了。

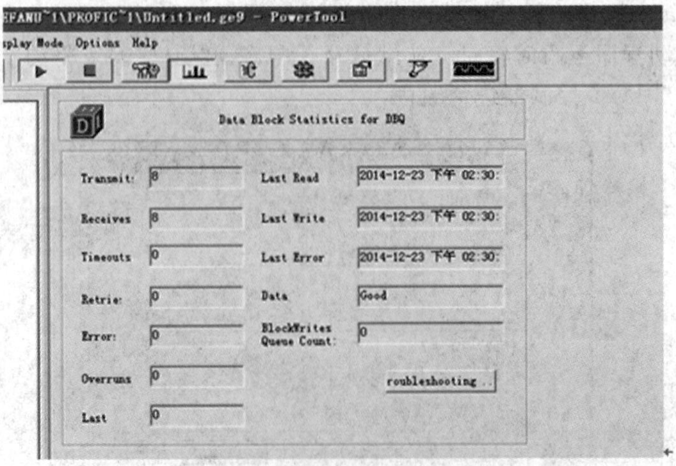

图 6-86　GE9 驱动运行成功

习　　题

6.1　简述人机界面的定义。

6.2　人机界面的组成有哪些？

6.3　简述 PAC 人机界面的基本结构。

6.4　设计一个基于 QuickPanel 的电机自锁控制界面。

6.5　设计一个基于 QuickPanel 的温度数据采集。

6.6　简述 iFIX 软件的功能。

6.7　简述 iFIX 和 PACSystems RX3i 通信的设置步骤。

6.8　设计一个基于 iFIX 的多种液体混合控制的人机界面。

第 7 章　PAC 综合应用

　　本章通过 PAC 在两个工程实例中的具体应用，详细地介绍了 GE PAC 工程项目设计的步骤和方法，并给出了上位机画面设计以及和 iFIX 组态软件建立通信的方法，能够帮助读者建立起工程设计概念，掌握设计思路和调试方法。

7.1　加工中心刀库捷径方向选择与控制

7.1.1　任务要求

　　如图 7-1 所示为模拟数控加工中心的刀库，它由步进电机或直流电机控制，在其上面设有 8 把刀，分别在 1，2，3，…，8 个刀位，每个刀位下有一个霍尔开关。刀库由小型直流减速电机带动并低速旋转，转动时，刀盘上的磁钢检测信号反映刀号的位置。

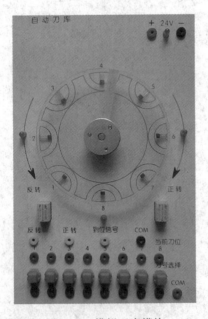

图 7-1　模拟刀库模块

　　按以下步骤选择刀号：

　　开机时，刀盘自动复位在 1 号刀位，操作者可以任意选择刀号。比如，现在选择 3 号刀位(这里的按钮不带自锁，按住 3 号刀位上面对应的按钮，实际机床中主要防止错选刀号)，程序判别最短路径，是正转还是反转，这时，刀盘应该正转到 3 号刀位，到位后，会看到到位信号灯常亮，告知刀已选择，此时，松开选择按钮。如选择 6、7、8 号刀，则情况反之。

7.1.2　任务实现

1. 工作原理

刀库模块中每个刀位下有一个霍尔开关，当转盘上的黄条遮挡住某一个霍尔开关时，与霍尔开关相对应的当前位输入端为低电位。刀位选择按钮分别对应每个刀位，当按钮按下时，输入端为高电位。其中正转、反转、到位指示灯为输出端，当其中一个为高电位时其对应的指示灯亮。

2. 程序算法

该设计中有 8 个刀位，要求刀盘按就近原则旋转。因此需要将当前刀位的数值存储在数字寄存器存储区域 R1 中，所要选择的刀位数值存储在 R2 中。可以分为以下三种情况进行设计。

（1）R1＜R2。将 R1＋8－R2 存在 R4 中，当 R4≥4 时应为正转；当 R4＜4 时应为反转。

（2）R1＝R2。恰好当前位置和选择位置一致，刀盘保持不动，到位指示灯亮。

（3）R1＞R2。将 R2＋8－R1 存在 R6 中，当 R6≤4 时应为正转；当 R6＞4 时应为反转。

3. I/O 地址分配

该任务可借助于 GE PAC 控制器来实现，其 I/O 地址分配表如表 7－1 所示。

表 7－1　加工中心刀库捷径方向选择与控制 I/O 地址分配表

器件号	地址	器件号	地址	器件号	地址
当前位 1	I00081	按钮 1	I00089	反转	Q00001
当前位 2	I00082	按钮 2	I00090	正转	Q00002
当前位 3	I00083	按钮 3	I00091	到位	Q00003
当前位 4	I00084	按钮 4	I00092		
当前位 5	I00085	按钮 5	I00093		
当前位 6	I00086	按钮 6	I00094		
当前位 7	I00087	按钮 7	I00095		
当前位 8	I00088	按钮 8	I00096		

4. 程序设计

根据控制任务，其程序设计思想如下：

（1）按下刀号选择按钮后，通过程序判别最短路径，自动选择正转还是反转。

（2）开机时，刀盘自动复位在 1 号刀位，需要一个初始扫描(＃FST_SCN)给刀盘复位。

（3）在实际机床中要防止错选刀号，即需要一直按着按钮才能达到所选位置。

程序设计在 GE PAC 的编程软件 PME 中实现。其具体实现过程如图 7-2 至图 7-5 所示。

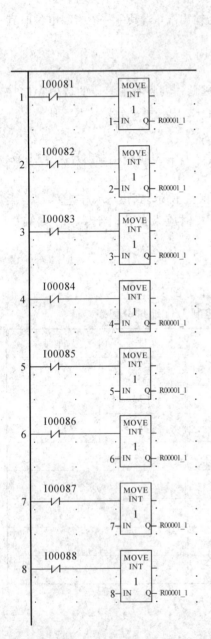

图 7-2 当前位扫描

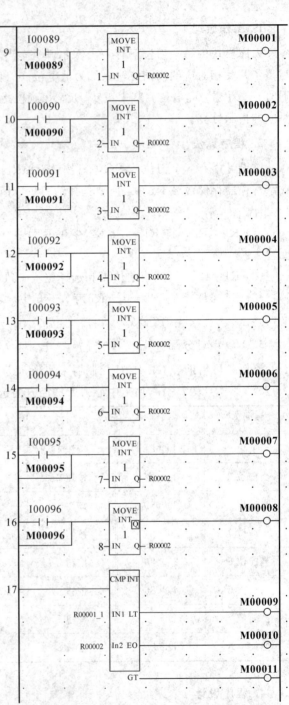

图 7-3 刀号选择扫描及 R1 与 R2 比较的梯形图

说明: 图 7-2 程序的 1～8 行为当前位扫描,即把当前位数值存入 R1 中。

说明: 图 7-3 程序的 9～16 行为刀号选择扫描,并把选择数值存在 R2 中。

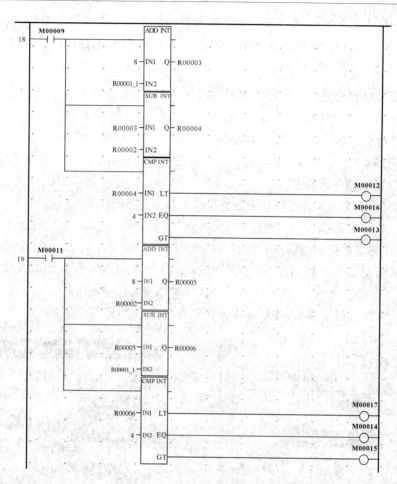

图 7 - 4　R1<R2 和 R1>R2 时运算处理的梯形图

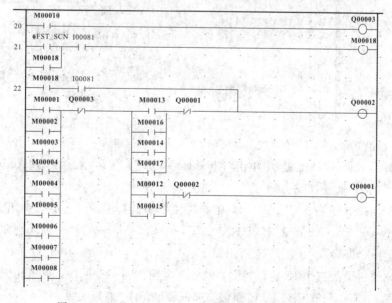

图 7 - 5　初始扫描，对正、反转进行输出控制的梯形图

说明：程序中的 18 行是实现 R1＜R2 时的程序；19 行是实现 R1＞R2 时的程序；20 行是实现 R1＝R2 时的程序；21 行是实现初始扫描，对正、反转进行输出控制。

5. 通信配置

（1）按照 I/O 分配表进行相应物理硬件线路的连接，并连接 PAC 与电脑之间的网线以及与以太网模块之间的网线。

（2）打开电源，确保 PAC 与电脑连接上（右击"网络"→"属性"→"查看链接状态"），并查看或设置电脑 IP 地址（比如 192.168.1.50），必须保证电脑的网络地址和 PAC 的以太网通信模块的地址在同一网段内。

（3）启动 PME 软件，进行相应的硬件配置，如图 7-6 所示。

（4）在 PME 中设置临时 IP 地址。

① 在工作界面中单击"/U……"，打开界面后单击"Set Temporary IP Address"弹出如图 7-7 所示的对话框，填写 PLC 上的 IC695ETM001 的 MAC 地址以及临时 IP 地址（如 192.168.1.60）。配置完成后单击"Set IP"按钮，约 1 min 后出现"IP change SUCCESSFUL"，此时应确保 CPU 处在停止状态。

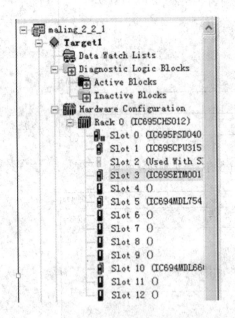

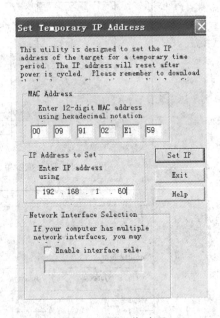

图 7-6　PAC 硬件配置　　　　　　图 7-7　设置临时 IP

② 在 Hardware（硬件配置）中单击"IC695ETM001"，在其界面的"IP Address"中填写刚才设置的临时 IP 地址（192.168.1.60），如图 7-8 所示。

③ 在 Navigator 下右击"Target1"，在下拉菜单中选择"Inspector"，弹出 Inspector 对话框，将"Physical Port"设置成"ETHERNET"，在"IP Address"栏中键入刚才设置的临时 IP 地址（192.168.1.60），如图 7-9 所示。

注意：此处所设的三个 IP 地址相同，但要与电脑在同一个网段，且不相同。在设定临时 IP 地址时，一定要分清 PAC、PC 和触摸屏三者间的 IP 地址关系，要在同一个 IP 段内，而且两两不可以重复。

InfoViewer | Panel1 [Target2] | _MAIN [Target1] | (0.3) IC695ETM001 [Target1]

Settings | RS-232 Port (Station Manager) | Power Consumption

Parameters	Va
Configuration Mode	TCP/IP
Adapter Name	0.3
Use BOOTP for IP Address	False
IP Address	192.168.1.60
Subnet Mask	0.0.0.0
Gateway IP Address	0.0.0.0 Ethernet Address in range 0.0.0.0 to 255.255.255.255
Name Server IP Address	0.0.0.0
Max FTP Server Connections	2
Network Time Sync	None
Status Address	%I00001
Length	80
Redundant IP	Disable
I/O Scan Set	1

图 7-8　IC695ETM001 IP 地址设置

Inspector	✕
Controller Target Name	maling1
Update Rate (ms)	250
Sweep Time (ms)	Offline
Controller Status	Offline
Scheduling Mode	Normal
Force Compact PVT	True
Enable Shared Variables	False
DLB Heartbeat (ms)	1000
Physical Port	ETHERNET
IP Address	192.168.1.60
⊞ Additional Configuration	

Inspector

图 7-9　以太网通信参数设置

（5）完成以上设置后即可进行程序的编译、下载、运行，如图 7-10 所示。

单击图 7-10 中的 1 进行程序检查，无误后单击 2 建立起计算机与 PAC RX3i 之间的通信联系，此时 3 变绿，单击 3（CPU 此时应处于停止状态），再依次单击 4、5 进行程序和硬件配置下载。正确无误后图 7-6 中 Target1 前的菱形变绿。此时可将 CPU 转换为 RUN 状态，单击按钮可以在线查看控制效果。

图 7-10　编译下载

7.1.3　触摸屏与 PAC 的通信控制

QuickPanel View/Control 是当前最先进的紧凑型控制计算机，根据不同型号集成有单色或彩色的平面面板。它提供不同的配置来满足使用的要求，既可以作为全功能的 HMI（人机界面），也可以作为 HMI 与本地控制器和分布式控制器应用的结合。

该项目中上位机人机界面采用 6″ QuickPanel View/Control 触摸屏产品，它采用 Windows CE. NET 作为其操作系统，是一个图形界面的完全 32 位的操作系统。其工作时由外部提供 24 V DC 工作电压，可以通过电源孔接入。QuickPanel View/Control 外观如图 7－11 所示。

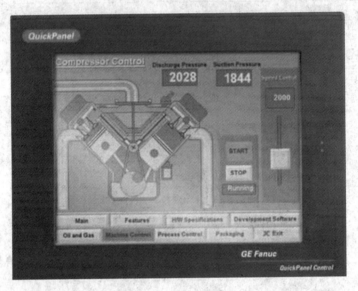

图 7－11　QuickPanel View/Control 产品外观

1. 配置 QuickPanel View/Control 的 IP 地址

（1）单击控制面板左下角的 Start/Network and Dia-lup Connections，弹出 Connection 窗口，如图 7－12 所示。

（2）选择一个连接，并选择属性，出现 Built In 10/100 Ethernet… 对话框，如图 7－13 所示。

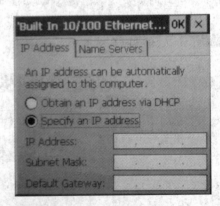

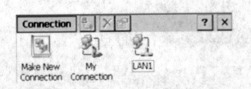

图 7－12　Connection 窗口　　　　　　　　图 7－13　设置对话框

在图 7－13 中选择"Specify an IP address"（手动）选项，设置 IP 地址，此处应与 PLC 和电脑 IP 地址在同一网段且不相同（比如 192.168.1.35）。

2. PME和触摸屏的通信设置

（1）在 PME 软件中，右键单击已经建立好的 PLC 工程名，选择"Add Target"→"QuickPanel View/Control"→"QP Control 6″TFT"，如图 7-14 所示。

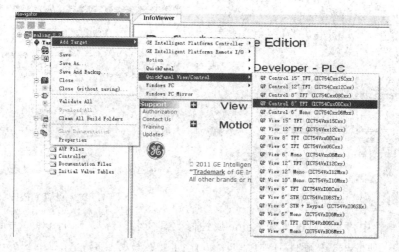

图 7-14　添加新任务

（2）右键单击新标签"Target 2"，添加 HMI(Human Machine Interface)组件，如图 7-15所示。

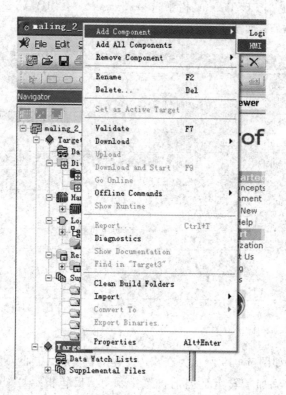

图 7-15　添加组件

（3）右键单击新标签 Target2 下的"PLC Access Drivers"，添加驱动，如图 7-16 所示。

（4）设置 QP IP 地址。右击"Target 2"，在下拉菜单中选择"Properties"，弹出"Inspector"对话框，在"Computer Address"的对应栏中键入 QP 的 IP 地址（192.168.1.35），如图 7-17 所示。

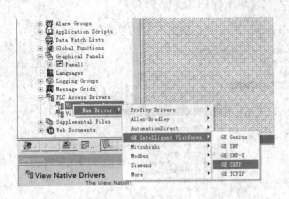

图 7-16　添加驱动

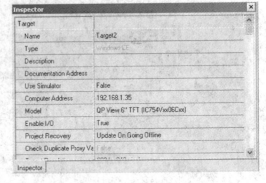

图 7-17　设置 QP IP 地址

在图 7-17 中，可以通过改变 Name 属性修改其命名；当 Use Simulator＝False 时，设定 QP 对象 IP 地址与 QP 硬件 IP 地址匹配，比如 192.168.1.35；当 Use Simulator＝True 时，QP 对象在 PC 上模拟仿真显示，不下载到 QP 硬件。

（5）设置要连的 PLC 地址属性。右键单击 GE SRTP 下的 Divice1，在弹出的菜单中选择 Properties，然后在"PLC Target"栏中选择 Target1，在"IP Address"栏中键入 PLC 的 IP 地址（192.168.1.60），如图 7-18 所示。

Inspector	
Device	
Name	Device1
Scan Rate	1000
Enable Conditional Scann	False
PLC Target	Target1
IP Address	192.168.1.60
Transaction Timeout	3000
Retries	3
Channel	1
Inspector	

图 7-18　设置 PLC IP 地址

（6）建立画面。如图 7-19 所示为在 QP 上建立的"加工中心刀库捷径方向选择控制"的画面。画面中主要添加了转盘上当前位置指示灯、反转指示灯（Reverse）、正转指示灯（Corotation）、到位指示灯（Daowei），按钮分别对应实际控制器件中的按钮，并同样可实现按要求正、反转功能。

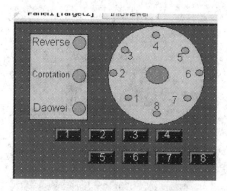

图 7-19　QP 监控 PLC 画面

（7）数据连接。以图 7-19 中反转指示灯的属性设置为例，实现与 PLC 的数据连接。右键单击选择其属性设置，弹出如图 7-20 所示的属性设置对话框。

① 双击指示灯，弹出属性设置对话框，选中"Color"选项卡中的"Enable Fill Color Anim"选项。

② 单击右方的小灯泡按钮，单击"Variable"按钮，在下拉列表中选择在 PLC 程序编写中地址分配所关联对应的变量，这里为反转的指示灯，所以应选择 Q00001，双击鼠标左键即可。

③ 单击 ON 和 OFF 上方的颜色条还可以对颜色进行设置。

（8）如图 7-21 所示为对当前刀位 3 指示灯的数据连接属性设置。操作与图 7-20 相类似，在此，该指示灯应连接程序中的 I00083。注意，此处为 PLC 的当前位状态向 QP 输入，因此可以用 %I。

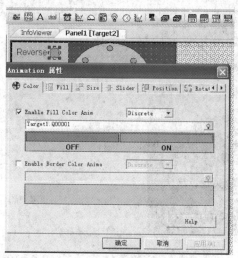

图 7-20　反转指示灯属性设置

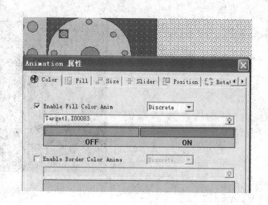

图 7-21　当前刀位 3 指示灯的属性设置

（9）如图 7-22 所示为对按钮 1 的设置。双击按钮弹出"Inspector"对话框，单击"Variable Name"行的下拉箭头，在下拉菜单中选择程序中按钮 1 对应的变量，在此应连 M00089。Action 中有各种动作，可根据控制要求选择，在此选"Momentary"。

（10）以此类推，完成其他对象的属性设置。触摸屏界面开发好之后，便可以进行编译、下载和调试（见图 7-23），在 Feedback Zone 中显示没有错误和警告（见图 7-24）。

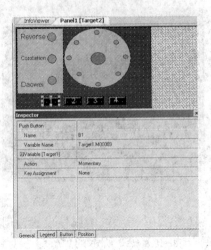

图 7 - 22 按钮 1 属性设置

此时，QP 上显示 Target2 中编辑的画面，当 PLC 处于运行状态时，可在触摸屏上进行正确监控，如图 7 - 25 所示。

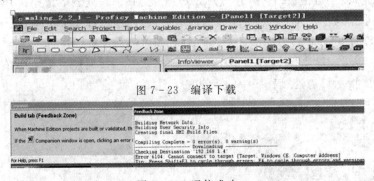

图 7 - 23 编译下载

图 7 - 24 通信成功

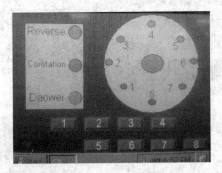

图 7 - 25 触摸屏运行画面

7.1.4 iFIX 与 PAC 的通信控制

1. 驱动 GE9 的安装和配置

iFIX 组态软件可以与多种类型的 PLC 控制器进行连接，建立通信，将 PLC 中的数据采集到 iFIX 的数据库中。iFIX 与 PLC 之间建立通信必须通过驱动这个中间桥梁，不同厂家、不同类型的 PLC 与 iFIX 建立通信所需要的驱动也是不相同的，其中 GE PAC 的驱动是 GE9。

（1）将 GE9 整个文件复制到 C：\Program Files\GE Fanuc\Proficy iFIX 中，如图 7 - 26 所示。

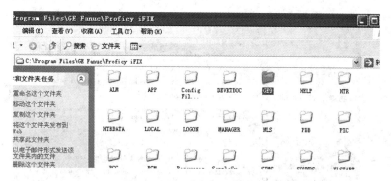

图 7 - 26　GE9 驱动复制目录

（2）将 GE9 中的 default.GE9 文件复制到 C：\Program Files\GE Fanuc\Proficy iFIX 中的 PDB 文件中，如图 7 - 27、图 7 - 28 所示。

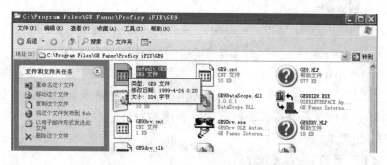

图 7 - 27　default.GE9 默认位置

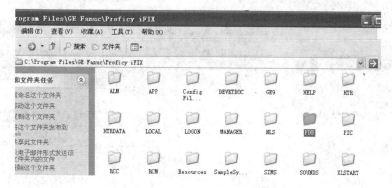

图 7 - 28　default.GE9 更改位置

（3）进行 IP 通信设置。在 iFIX 安装盘中找到 WINDOWS 文件夹，将 C：\WINDOWS \system32\drivers\etc\hosts 文件通过记事本的形式打开，如图 7 - 29 所示，在记事本的末尾加上 iFIX 和 PAC 的 IP 地址。

注：FIX 前面输入的地址是 iFIX 所安装的电脑 IP 地址（在此为 192.168.1.50），PLC 前面输入的地址是 PAC 控制器之前设置的 PAC 临时 IP 地址（在此为 192.168.1.60）。

2. iFIX 数据库以及画面的建立

（1）打开 iFIX 后，单击菜单栏中的"应用程序"→"SCU"，在弹出的对话框中单击"配

图 7-29　hosts 文件中加入 iFIX 和 PLC 的 IP 地址

置"按钮，在下拉菜单中选择"SCADA 配置"。在"SCADA 配置"对话框中设置数据库名称"EMPTY"，I/O 驱动器名称选择 GE9…，单击"添加"按钮（见图 7-30）。再单击"配置"按钮，在下拉菜单中选择"Use Local Server"，在弹出的对话框中单击"Connect…"按钮，跳出 GE9 配置环境，如图 7-31 所示。

注：此时 CPU 处于 RUN 状态。

（2）在图 7-31 中，按照以下几个步骤完成设备配置的添加。

图 7-30　添加 GE9 驱动

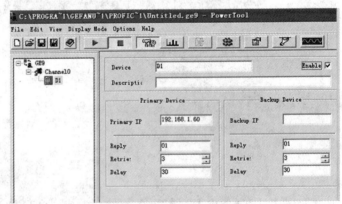

图 7-31　GE9 设备配置

① 单击最下面的第一个按钮，添加"Channel 0"，通道名称可以随意设置，然后勾选其后面的 Enable 选项，完成配置。

② 单击最下面的第二个按钮进行设备配置，此项配置非常重要，首先输入的 Device 名称要简单、容易记忆，比如添加 D1，然后在"Primary IP"栏中输入与之相连接的 PAC 的 IP 地址，比如 192.168.1.60，最后勾选 Enable 选项，如图 7-31 所示。

③ 单击最下面的第三个按钮,添加"DBQ",输入 I/O 地址(Q1～R100),勾选 Enable 选项。DBI、DBM 等的建立与 DBQ 方法一样。

④ 保存该驱动配置,如文件名为 maling.ge9。

(3) 在图 7 - 31 中单击上面手形按钮,在"Default Path"中输入 maling.ge9;在 "Advanced"中选中"Server Auto"→"On",然后保存并关闭"Power Tool"。

① 单击"系统配置"窗口中的"任务配置"按钮,查看是否添加 IOCNTRL.EXE/a。

② 再次运行 Power Tool,单击上面的"启动"按钮运行该驱动。单击"监视"按钮,监视运行情况,当"Data"显示为"Good"后(见图 7 - 32)表示可建立数据库的连接。

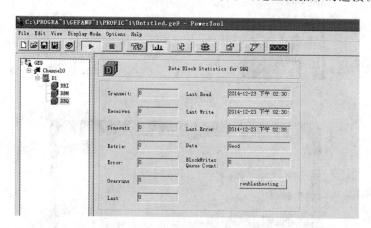

图 7 - 32　iFIX 与 PLC 连接成功

(4) 根据控制任务在 iFIX 中建立数据库,如表 7 - 2 所示。

表 7 - 2　iFIX 中刀库正、反转控制数据库

	标签名	类型	描述	扫描时间	I/O设备	I/O地址	当前值
1	Q3	DI	到位	1	GE9	D1:Q3	CLOSE
2	Q1	DI	反转	1	GE9	D1:Q1	OPEN
3	Q2	DI	正转	1	GE9	D1:Q2	OPEN
4	DI001	DI	当前位1指示灯	1	GE9	D1:I81	CLOSE
5	DI002	DI	当前位2指示灯	1	GE9	D1:I82	CLOSE
6	DI003	DI	当前位3指示灯	1	GE9	D1:I83	CLOSE
7	DI004	DI	当前位4指示灯	1	GE9	D1:I84	CLOSE
8	DI005	DI	当前位5指示灯	1	GE9	D1:I85	CLOSE
9	DI006	DI	当前位6指示灯	1	GE9	D1:I86	CLOSE
10	DI007	DI	当前位7指示灯	1	GE9	D1:I87	OPEN
11	DI008	DI	当前位8指示灯	1	GE9	D1:I88	CLOSE
12	DO002	DO	按钮2	——	GE9	D1:M90	OPEN
13	DO003	DO	按钮3	——	GE9	D1:M91	OPEN
14	DO004	DO	按钮4	——	GE9	D1:M92	OPEN
15	DO005	DO	按钮5	——	GE9	D1:M93	OPEN
16	DO006	DO	按钮6	——	GE9	D1:M94	OPEN
17	DO007	DO	按钮7	——	GE9	D1:M95	OPEN
18	DO008	DO	按钮8	——	GE9	D1:M96	OPEN
19	DO001	DO	按钮1	——	GE9	D1:M89	OPEN

(5) 在开发画面中建立"加工中心刀库捷径方向选择"监控画面,如图 7 - 33 所示。

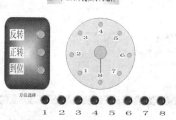

图 7 - 33　iFIX 中监控 PAC 画面

3. iFIX 动画的设置

1）画面中指示灯的动画连接

双击画面中指示灯按钮，选择指示灯数据源，进行相应的数据连接，如图 7－34 所示为反转指示灯的动画设置，如图 7－35 所示为当前位 1 指示灯的动画设置，其他指示灯的动画设置方法一样。

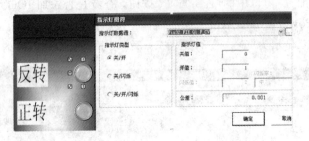

图 7－34　反转指示灯的动画设置

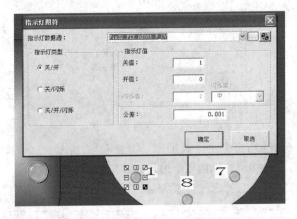

图 7－35　当前刀位 1 指示灯的动画设置

2）画面中按钮的动画连接

选中按钮 1 连接数据源至 D0001，在"选择数据输入方法"中选中"按钮输入项"。因为转盘黄条所在刀位应处于低电位，所以在按钮标题中的"打开按钮标题"中输入"关闭"，在"关闭按钮标题"中输入"打开"。操作时，每打开一次，需要按关闭才能控制其他按钮，如图 7－36 所示。

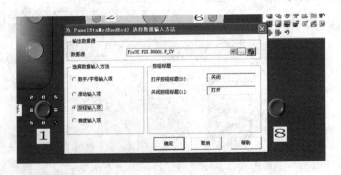

图 7－36　按钮 1 的动画设置

4. iFIX 对 PAC 的监控

运行 iFIX, 分别点击 8 个按钮, 可使刀盘按要求旋转, 各个指示灯也按规律亮、灭以显示刀盘状态。如图 7－37 至图 7－39 所示为由 8 号刀库到 3 号刀库的运行图。

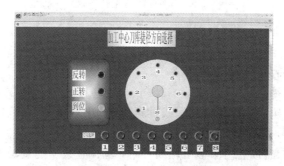

图 7－37　8 号刀库到位图

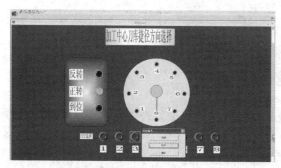

图 7－38　3 号刀库的选择

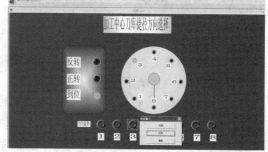

图 7－39　3 号刀库到位图

7.1.5　设计中出现的问题与解决方法

在实际设计中往往不会一帆风顺, 可能会遇到各种问题, 在解决问题的过程中可以巩固基础、积累经验。下面是设计时可能遇到的一些问题的解决方法。

1. PME 与 PAC

(1) 设置临时 IP 地址时总不能成功。

① 检查 MAC 和 IP 地址是否符合设置要求。

② 检查 CPU 是否处于 STOP 状态。

③ 更换临时 IP 地址。

④ 以上都不行时, 可重启 PME 软件。

(2) PC 机与 PAC 无法建立通信。

① 检查 IP 地址是否符合设置要求。

② 检查 CPU 是否处于 STOP 状态。

③ 检查网线是否连好, 此时最好不要插其他网线。

④ 将备份的文件再重新恢复一下(右击 MyComputer, 在下拉菜单中选择"Restore")。

⑤ 以上都不行时, 可重启 PME 软件。

(3) 提示栏中有警告或错误, 当检查不出什么问题时, 可能是软件的问题, 重新恢复一份或重新建立一个任务,将原来的内容复制进来。

另外,还可以临时建立一个简单的或打开一个之前运行无误的工程进行测试,缩小可能存在问题的范围。

2. QP 与 PAC

(1)通信不成功。

① 检查 IP 地址;

② 检查 CPU 是否处于 RUN 状态;

③ 检查网线是否插好;

④ 检查 QP 任务建立过程是否无误或重新建立 QP 任务;

⑤ 以上都不行时,可重启 PME 软件。

(2)下载成功后,面板上的图形出现问号时,应检查数据连接是否正确。

3. iFIX 与 PAC

(1)连接不成功。

① 检查 IP 地址;

② 检查 CPU 是否处于 RUN 状态;

③ 检查网线是否插好;

④ 程序是否正确下载到 PLC 中。

(2)不能监控或操作,此时应检查动画设置以及所连接数据是否正确。

7.2 三层电梯控制

7.2.1 任务要求

电梯早已成为我们日常生活中的重要工具,在住宅区、办公室里、商业大厦等很多领域都有应用。如图 7 - 40 所示为三层电梯的控制模型图,其工作原理如下:

(1)按下启动按钮电梯至工作准备状态。

(2)将三个楼层信号中的任意一个限位开关 SQ 置 1,表示电梯停的当前层,此时,楼层信号灯点亮。按下电梯外呼信号 UP 或者 DOWN,电梯升降到所在楼层,电梯门打开,OPEN 指示灯亮,延时闭合,此时模拟人进入电梯。进入电梯后,按下内呼叫信号选择要去的楼层,关闭楼层限位 SQ(模拟轿厢离开当前层),打开目标楼层限位(表示轿厢到达该层),电梯门打开,延时闭合(模拟人出电梯的过程)。

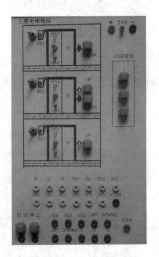

图 7 - 40 电梯模型图

7.2.2 任务实现

1. 工作原理

电梯由安装在各楼层门口的上升和下降呼叫按钮进行呼叫操纵,其操纵内容为电梯运行方向。电梯轿箱内设有楼层内选按钮 S1～S3，用以选择需停靠的楼层。L1 为一层指示、L2 为二层指示，L3 为三层指示，SQ1～SQ3 为楼层到位行程开关。电梯上升途中只响应上升呼叫，下降途中只响应下降呼叫，任何反方向的呼叫均无效。电梯位置由行程开关 SQ1、SQ2、SQ3 决定，电梯运行由手动依次拨动行程开关完成，其运行方向由上升、下降指示灯 UP、DOWN 决定。其程序流程图如图 7-41 所示。

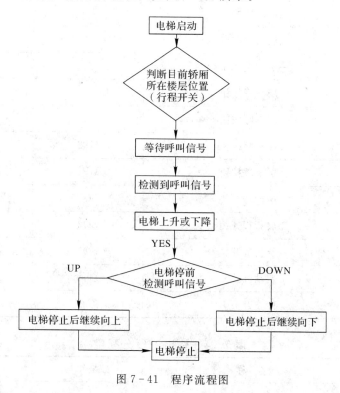

图 7-41　程序流程图

2. 电气接线图

PAC 与电梯控制模块的电气接口如图 7-42 所示。

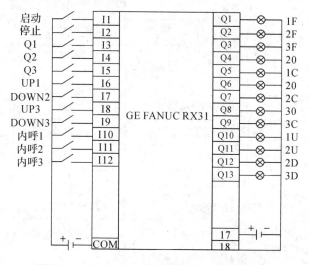

图 7-42　PAC 与电梯控制模块的电气接口图

3. I/O 地址分配

该任务可借助于 GE PAC 控制器来实现，其 I/O 地址分配表如表 7-3 和表 7-4 所示。

表 7-3　输入 I/O 分配表

序　号	名　　称	面板符号	输入点
1	三层内选按钮	1	I10
2	二层内选按钮	2	I11
3	一层内选按钮	3	I12
4	三层下呼按钮	DOWN3	I9
5	二层下呼按钮	DOWN2	I8
6	二层上呼按钮	UP2	I7
7	一层上呼按钮	UP1	I6
8	三层行程开关	SQ3	I5
9	二层行程开关	SQ2	I4
10	一层行程开关	SQ1	I3
11	启动开关	启动	I1
12	停止开关	停止	I2

表 7-4　输出 I/O 分配表

序　号	名　　称	面板符号	输出点
1	一层指示灯	IF	Q1
2	二层指示灯	2F	Q2
3	三层指示灯	3F	Q3
4	一层上升指示灯	1FU	Q10
5	二层上升指示灯	2FU	Q11
7	三层下降指示灯	3FD	Q13
8	二层下降指示灯	2FD	Q12
9	一层开门指示灯	1FO	Q4
10	一层关门指示灯	1FC	Q5
11	二层开门指示灯	2FO	Q6
12	二层关门指示灯	2FC	Q7
13	三层开门指示灯	3FO	Q8
14	三层关门指示灯	3FC	Q9

4. 程序设计

1）PME 配置

打开 PME 软件，选择新建工程 New Project，输入工程名称"三层电梯模拟控制"，然后点击确定，如图 7-43 所示。

图 7-43　新建工程画面

建立完新工程之后，开始根据实际硬件系统进行相应模块的配置，首先配置 PACSystem RX3i 的电源，单击"Hardware Configuration"→"Slot 0"，单击鼠标右键，在弹出的菜单中选择"Replace Module …"，如图 7-44 所示。然后在弹出的菜单中选择"IC695PSA040"电源模块。

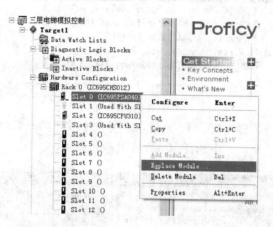

图 7-44　硬件电源模块配置

因为 CPU315 占用两个插槽，所以单击 2 号槽，将其拖到 1 号槽中，然后单击鼠标右键，选择"Replace Module …"。在弹出的菜单中选择 CPU315。再配置 3 号槽，因为实际硬件系统中 3 号槽放置的是以太网通信模块，双击 3 号槽，在弹出的硬件选择对话框中单击"Communications"，在其下面的器件选择中选中"IC695ETM001"，如图 7-45 所示。

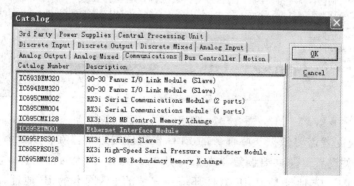

图 7-45　通信模块配置

根据任务实际的硬件配置，5 号槽为数字量输出模块，接下来配置 5 号槽，双击 5 号槽，或单击鼠标右键，选择"Add Model"，在"Discrete Output"中选择"IC694MDL754"模块，如图 7 - 46 所示。

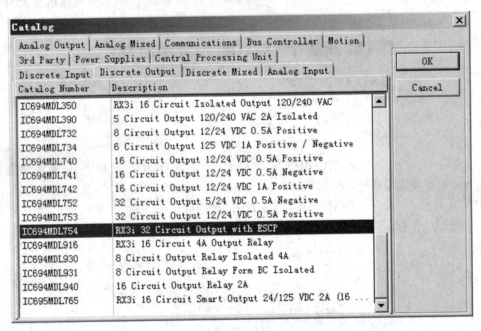

图 7 - 46 数字量输出模块配置

最后根据实际硬件配置来配置 10 号槽，10 号槽中放置的是数字量输入模块，同 5 号槽操作一样，在"Discrete Input"中选择 IC694MDL660 模块，如图 7 - 47 所示。

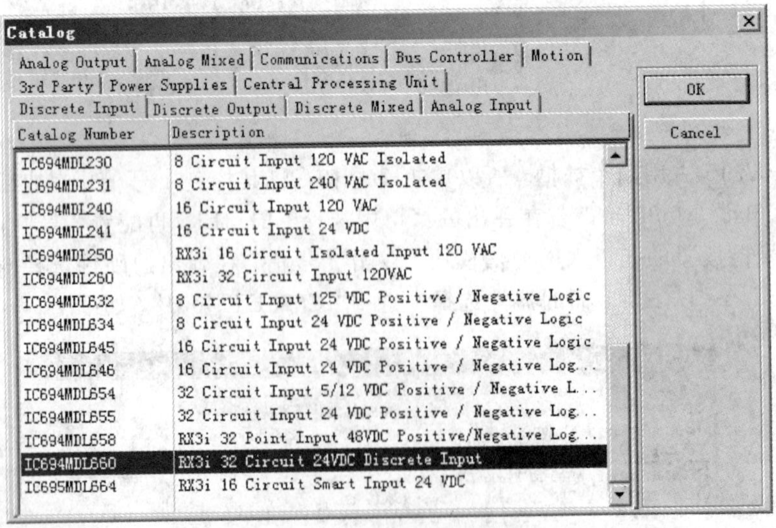

图 7 - 47 数字量输入模块配置

具体的模块配置需要依据实际任务的 PLC 模块位置进行。在模块配置结束后，需要进行 IP 地址的相关设置。总共要设置 4 次 IP，其中 3 次 IP 设置的都一样，均为以太网模块的 IP 地址，另 1 次 IP 地址是 PME 软件环境所安装的 PC 网卡的 IP 地址，PC 对应网卡的

IP 地址与 PAC 以太网通信模块的地址必须处于同一网段内。例如，本项目中 PAC 以太网 IP 地址设置为 192.168.1.14，PC 的 IP 地址设置为 192.168.1.15，具体的步骤如下：

（1）右键单击 Target1，在弹出的菜单中选择"Properties"属性设置，在"Physical Port"中选择 ETHERNET，如图 7-48 所示。

（2）在"IP Address"栏中输入自己设置的 IP 地址，如图 7-49 所示。

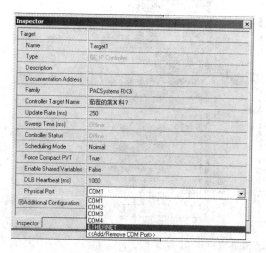

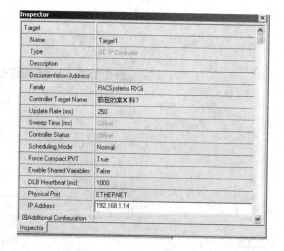

图 7-48　通信属性设置　　　　　　　　　　　　　图 7-49　IP 设置

（3）双击 3 号槽的以太网通信模块 ETM001，在其弹出的属性设置对话框中把刚才设置的 IP 地址输入到其 IP 地址栏中，如图 7-50 所示。

InfoViewer	(0.0) IC695PSD040	(0.1) IC695CPU315	(0.3) IC695ETM001	(0.5) IC694MDL754	(0.10) IC69

Settings | RS-232 Port (Station Manager) | Power Consumption |

Parameters	
Configuration Mode	TCP/IP
Adapter Name	0.3
Use BOOTP for IP Address	False
IP Address	192.168.1.14
Subnet Mask	0.0.0.0
Gateway IP Address	0.0.0.0
Name Server IP Address	0.0.0.0
Max FTP Server Connections	2
Network Time Sync	None
Status Address	%I00001
Length	80
Redundant IP	Disable
I/O Scan Set	1

Ethernet Address in range 0.0.0.0 to 255.255.255.255

图 7-50　以太网通信模块属性设置

（4）最后一个 IP 地址的设置，右键单击 Target1，选择"Offline Commands"，如图 7-51 所示。单击"Set Temporary IP Address…"，弹出如图 7-52 所示的 IP 地址设置对话框，在"MAC Address"栏中填写实际以太网模块上的 MAC 地址，在"IP Address to Set"栏中填写以太网设置的 IP 地址。配置完成后单击"Set IP"按钮，约 1 min 后出现"IP change SUCCESSFUL"，此时应确保 CPU 处在停止状态，如图 7-53 所示。

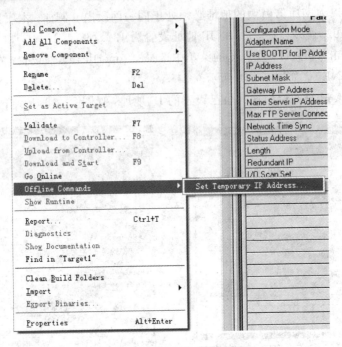

图 7-51 临时 IP 菜单选择

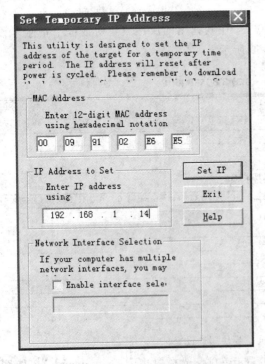

图 7-52 临时 IP 设置框

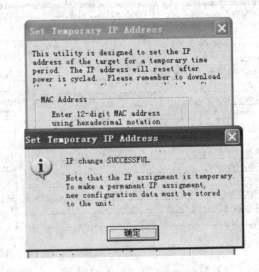

图 7-53 临时 IP 设置成功

计算机网卡 IP 地址的设置如图 7-54 所示。

4 次 IP 地址设置完成后，必须建立 PC 机和 PAC 之间的通信，查看能否成功建立通信连接，若不成功则需要认真查找问题重新建立。首先打开 PAC，然后单击 PME 软件工具

栏的编译程序图标 ✓ 进行测试。在系统提示无错误后，再继续单击工具栏闪电符号 ⚡，如图 7 – 55 所示，最后提示通信成功。

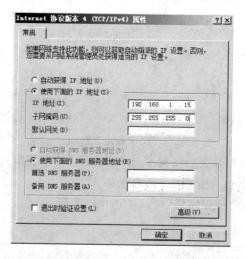

图 7 – 54　计算机 IP 地址设置

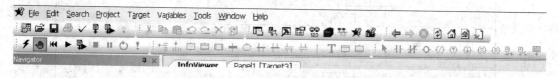

图 7 – 55　计算机与 PAC 的通信测试

注意：在设置临时 IP 地址时，一定要分清 PAC、PC 和触摸屏三者 IP 地址之间的关系，这三者要在同一 IP 地址段，而且两两不能重复。

2）程序实现

在 PAC 与计算机之间建立的通信成功后，双击 PME 软件右侧的 logic 菜单，单击"program blocks"，双击"MAIN"。可以在其中进行程序编辑。在程序编写中，用到了主程序和子程序，MAIN 为主程序，右键单击"program blocks"，在弹出菜单中选择添加"New LD Block"，则会出现两个 LD 程序编辑区域。

三层电梯控制的 PAC 主程序梯形图如图 7 – 56 所示。MAIN 程序中 I00001 为启动按钮，I00002 为停止按钮，在第 1 行程序中利用了自锁原理，CALL LDBK 的功能是执行子程序部分。在第 1 行中 M00030 为置位线圈，而在第 3 行中的 M00030 为复位线圈，这样就实现了启动与暂停功能。

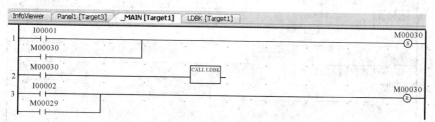

图 7 – 56　主程序梯形图

三层电梯控制的 PAC 子程序梯形图(一)如图 7-57 所示。

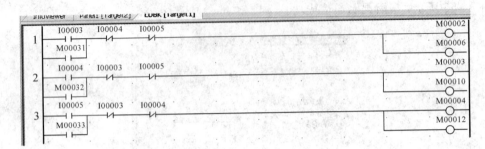

图 7-57　子程序梯形图(一)

说明：图 7-57 为行程开关控制程序，打开行程开关，表示到达相应的楼层，且同时控制打开相对应的电梯门。电梯开门 3 s 后自动熄灭。

三层电梯控制的 PAC 子程序梯形图(二)如图 7-58 所示。

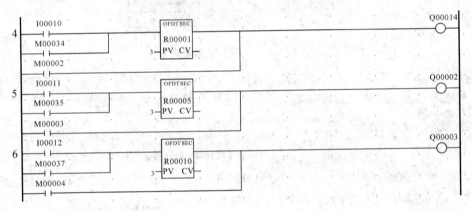

图 7-58　子程序梯形图(二)

说明：图 7-58 为内选呼应控制，单击相应的楼层，其楼层指示灯亮 3 s，随后自动熄灭。

三层电梯控制的 PAC 子程序梯形图(三)如图 7-59 所示。

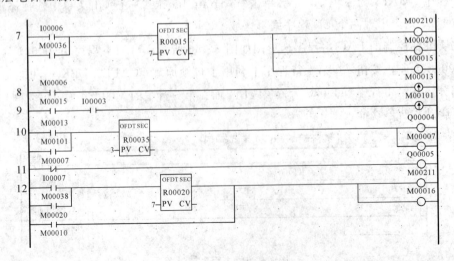

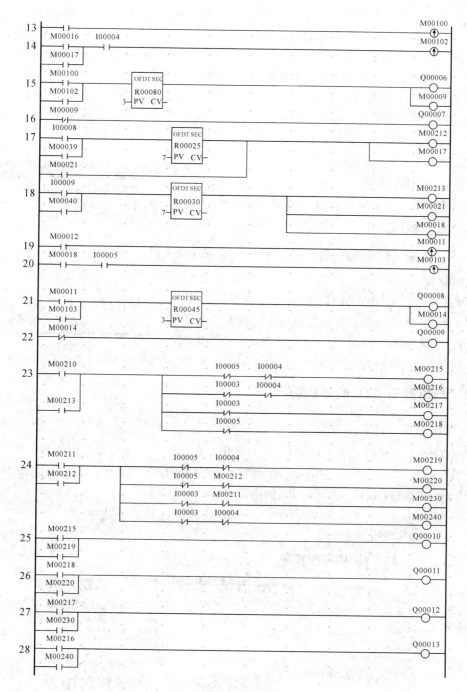

图 7-59 子程序梯形图(三)

说明：7~22 段程序为电梯升降的控制程序，每个楼层上、下独立控制，且利用常闭开关，在开门信号灯打开的时候，关门信号灯熄灭。开门状态保持 3 s 时间，是利用上升沿和断开延时定时器来实现。(分别为 8、9、10、11；13、14、15、16；19、20、21、22 段程序，每 4 段程序控制一层楼的电梯门的开关)。

第 7、12、17、18 段程序实现了电梯轿厢的呼叫，也就是上下的问题，第 7 段程序实现了一楼上呼叫，第 12 段实现了二楼上呼叫，第 17 段实现了二楼下呼叫，第 18 段实现了三楼下的呼叫。每一次的呼叫电梯相对应的指示灯会亮 7 s，代表着电梯上升或下降到目标楼层的过程。等到上升或下降指示灯熄灭，则代表到达。到达后关闭上一层的行程开关，打开目标楼层的开关，电梯门打开，模拟人出去的过程。

第 23～28 段程序实现了电梯停在三楼，一楼和二楼分别呼叫；电梯停在一楼，三楼和二楼的分别呼叫。在上升过程中，上升指示灯亮；在下降过程中，下降指示灯亮，时间是 7 s，代表运行到目标楼层的时间。当运行时间结束后，则可打开目标楼层的行程开关，但是首先要关闭上一层的行程开关。

3）程序下载及调试

在编辑好程序后，就可以进行再次通信，通信完成后，单击工具栏亮着的绿色小手 ，然后单击下载程序的按钮 ，出现如图 7-60 所示的下载内容选择对话框，此时应保证 PAC 硬件系统中 CPU 上的模式选择开关处于停机状态。初次下载时，应将硬件配置以及程序均下载，下载完毕后，单击"Ok"按钮即可。在程序下载完成后，将 CPU 的转换开关打开到运行状态，即可在线监控外部设备状态。

图 7-60　下载内容选择对话框

7.2.3　触摸屏与 PAC 的通信控制

1. 工程配置

首先需要添加触摸屏工程，在 PME 软件中，右键单击已经建立好的工程名称，选择"Add Target"→"QuickPanel View/Control"→"QP Control6 "TFT"，建立一个 QuickPanel View/Control 标签，默认为 Target2，如图 7-61 所示。

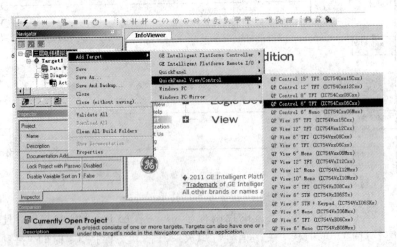

图 7-61　触摸屏工程的建立

在上述操作完成后，会弹出名称为 Target2 的工程，首先右键单击 Target2，在下拉菜单中选择属性设置，出现如图 7-62 所示的对话框。在"Computer Address"中输入一个新的 QP 的 IP 地址，该地址必须与前面 PAC 以及 PC 机的 IP 地址不同。将"Use Simulator"选择为"False"，若选择为"True"，则下载运行时不写入 QP，而使用软件在计算机上进行仿真。

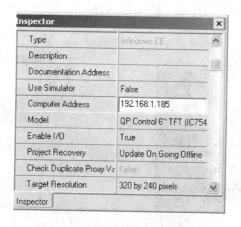

图 7 - 62　触摸屏 IP 地址的添加

右键单击"Target2"，在弹出的菜单中选择"Add Component"→"HMI"，打开编辑画面，如图 7 - 63 所示。

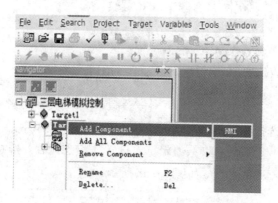

图 7 - 63　打开编辑界面

在组态软件左侧的菜单中找到"PLC Access Drivers"并右键单击，在图 7 - 64 所示的界面中进行一系列操作，添加相应的驱动，并进行驱动属性设置，如图 7 - 65 和 7 - 66 所示。

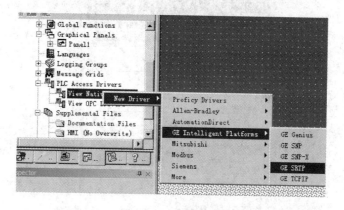

图 7 - 64　添加驱动

同时，还需要在触摸屏上设置通信用的 IP 地址，单击触摸屏左下角的"START"按钮，在弹出菜单中选择"Network and Dial‑up Connections"，在弹出如图 7‑67 所示的新菜单中双击"LAN1"图标，然后在 IP 输入栏中输入图 7‑66 中设置的触摸屏 IP 地址，即在"Computer Address"栏中填写的地址。

图 7‑65　Device1 的右键菜单

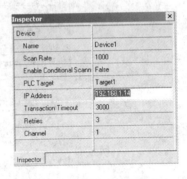

图 7‑66　设置驱动属性

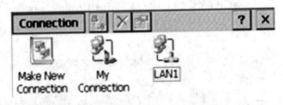

图 7‑67　Connection 窗口

2. 建立组态画面

在左侧菜单栏中选择 Graphical Panels，然后双击下拉菜单中的 Panel 即可打开组态编辑画面，在其中进行相应的画面组态编辑。右键单击组态画面，选择相应的属性设置，可以根据个人需要设置不同的画面，如图 7‑68 所示。

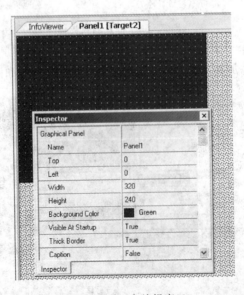

图 7‑68　组态编辑窗口

在画面中可以显示或者关闭工具栏，选择菜单"Tools"→"Toolbars"→"View"，如图 7 -69 所示，可显示工具栏。

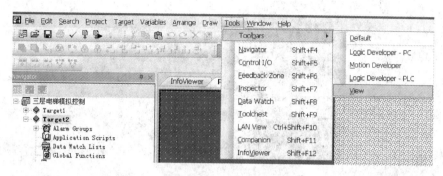

图 7 - 69　显示工具栏

选择菜单"Window"→"Apply Theme…"，如图 7 - 70 所示，即可进入如图 7 - 71 所示的开发环境选择界面。在图 7 - 71 中，如果编辑 PLC 程序，则需切换到"Logic Developer PLC"；如果需要编辑 QP，则切换到"View Developer"。

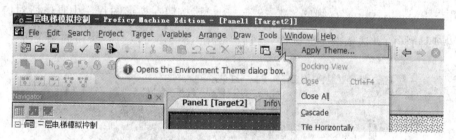

图 7 - 70　进入主题切换选择菜单

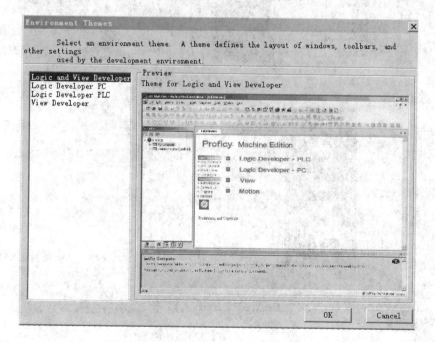

图 7 - 71　开发环境选择界面

在图 7-71 中选择"View Developer"，根据具体要求建立组态画面，在三层电梯控制中，建立的组态画面如图 7-72 所示。

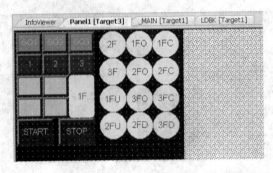

图 7-72　三层电梯组态画面

组态画面建立好之后，需要对其画面中的元素进行相应的属性设置。比如按钮名称编辑，右键单击相应按钮，在弹出菜单中选择"Edit Text"，可以为按钮重新命名，例如 SQ1 等，如图 7-73 所示。在编辑完名称之后，双击该按钮即可进行属性设置。如图 7-74 所示，单击"Variable Name"右侧的 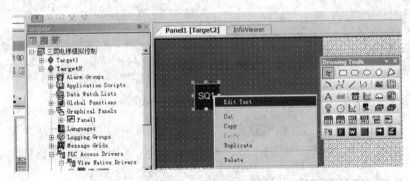 按钮，选择该按钮在梯形图程序中具体所对应关联的地址。按照同样的方法依次为其他按钮进行属性设置，还可以改变按钮的颜色等。

图 7-73　按钮名称修改菜单

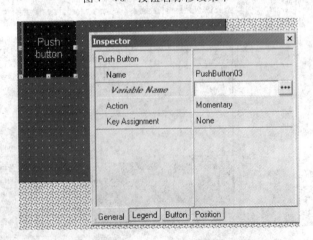

图 7-74　按钮属性设置

用同样的方法还可以为画面中其他元素添加属性以及相应动作连接。双击相应元素，弹出属性设置对话框，选中"Color"选项卡中的"Enable Fill Color Anim"选项，单击下方的小灯泡按钮，单击"Variable"按钮，在下拉框中选择对应的变量即可进行相应的设置，如图7-75所示。

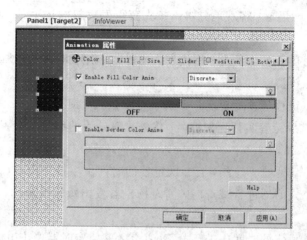

图 7-75　颜色属性设置

在图7-75显示的对话框中还可以设置触摸属性。选择"Touch"标签，选中"Enable Touch Action Animat"，同时需要输入与动作相联系的变量，可以在右边下拉列表中选择与变量相关联的动作类型。"Link with ke"选项可以选定动作相关联的快捷键（可不用），如图7-76所示。

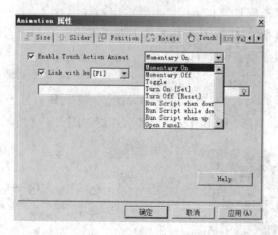

图 7-76　动作属性设置

3. 上位机监控及程序联合调试

在为所有的元素配置好属性以及动作命令以后，就可以进行监控程序下载，先成功下载组态界面，触摸屏上会出现已经编辑好的画面。然后将之前编好的三层电梯梯形图程序在线下载到PAC中，也就是单击PME软件上的闪电符号（如果找不到闪电符号，则单击组态上方的"Tools"，选择合适的界面），然后右键单击"Target1"，选择"Set as active Target"就可以将程序下载到目标控制器中，同时还可以和触摸屏进行在线的联合调试。

习　题

7.1　设计 8 路抢答器 PLC 控制系统。抢答器是一种应用非常广泛的设备，在各种竞赛、抢答场合中，它能迅速、客观地分辨出最先获得发言权的选手。8 路抢答器 PLC 控制系统设计要求如下：

（1）抢答器同时供 8 名选手或 8 个代表队比赛，分别用 8 个按钮 SB0 ～ SB7 表示。

（2）设置一个系统清除和抢答控制开关 S，该开关由主持人控制。

（3）抢答器具有锁存与显示功能。即选手按动按钮，锁存相应的编号，同时扬声器发出报警声响提示。选手抢答实行优先锁存，优先抢答选手的编号一直保持到主持人将系统中的数据清除为止。

（4）抢答器具有定时抢答功能，且一次抢答的时间由主持人设定（如 30 s）。当主持人启动"开始"按钮后，定时器进行减计时，同时扬声器发出短暂的声响，声响持续的时间为 0.5 s 左右。

（5）参赛选手在设定的时间内进行抢答，抢答有效，定时器停止工作，并保持到主持人将系统清除为止。

（6）如果定时时间已到，仍无人抢答，本次抢答无效，系统报警并禁止抢答。

7.2　设计简易日历。在 PLC 控制系统中，有许多与定时或者时间有关的内容，很多工业中的设备也按照一定的时间完成设定的任务，简易日历系统要求如下：

（1）可提取计算机系统时钟在触摸屏上显示；

（2）可自由设定日期、时间，在操作界面上即可完成；

（3）显示秒闪的双点要实现 1 s 闪烁。

7.3　设计舞台艺术灯饰的控制系统。霓虹灯广告和舞台灯光控制都可以采用 PLC 进行控制，如灯光的闪耀、移位及时序的变化等。图 7 - 77 为舞台灯光自动控制演示装置，它共有 10 道灯管，直线、拱形、圆形及文字，其示意图如图 7 - 78 所示。

图 7 - 77　舞台灯光控制演示装置

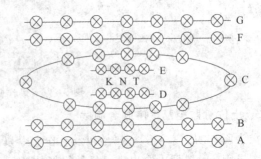
图 7 - 78　舞台灯光演示装置接线示意图

舞台灯光模拟模块是用来模拟对舞台灯光的控制，使舞台上的彩灯按照设定的规律工作。其控制要求如下：

（1）初始状态：所有的彩灯都处在熄灭状态，等待起始命令。

（2）启动操作：按下启动按钮，装置开始按给定规律运转。例如：按照 A—G—B—F—C—D—E—C—K、N、T—K—N—T 的顺序依次点亮一段时间，可以结合不同的定时结点实现彩灯的闪亮。也可按照自己的意愿设计程序，实现绚丽的舞台灯效果。

（3）停止操作：按下停止按钮后，所有彩灯熄灭，系统停止操作（停在初始状态），等待下一次的执行。

参 考 文 献

[1] 刘忠超. 西门子 S7-300 PLC 编程入门及工程实践[M]. 北京：化学工业出版社，2015.

[2] 郁汉琪，王华. 可编程自动化控制器（PAC）技术及应用：基础篇[M]. 北京：机械工业出版社，2011.

[3] 刘华波，王雪，何文雪. 组态软件 WinCC 及其应用[M]. 北京：机械工业出版社，2009.

[4] 王存旭，迟新利，张玉艳. 可编程控制器原理及应用[M]. 北京：高等教育出版社，2013.

[5] 翟天嵩，刘尚争. iFIX 基础教程[M]. 北京：清华大学出版社，2013.

[6] PACSystems RX3i 系统手册. GFK_2314.

[7] 原菊梅，叶树江. 可编程自动化控制器（PAC）技术及应用：提高篇[M]. 北京：机械工业出版社，2011.